보안검색론
(Security Screening)

고광남 · 소대섭 공저

도서출판 진 영 사

보안검색론

고광남 · 소대섭

2018년 08월 20일 초판 인쇄
2018년 08월 23일 초판 발행
발행인 박 진 영
발행처 도서출판 진영사
인천광역시 부평구 갈산동 185번지 풍진빌딩 303호
전화 : 032)505-4207
팩스 : 032)505-4206
E-mail : 0183734207@hanmail.net
등록 : 122-91-77317

ISBN 978-89-6541-371-4 93390
값 15,000원

머리말

세계는 정보통신(ICT)·생명공학(BT)·나노 기술(NT) 등 기술융합을 기반으로 새로운 혁신 기술 출현 및 융합기술이 미래를 주도하는 제4차 산업혁명시대에 진입하고 있습니다.

지난 30여 년 동안 국제적 갈등과 국제권력의 유동성 심화 속에서도 개발도상국의 가파른 경제성장으로 선진국 그룹은 전체 GDP 대비 44% 수준을 차지하는 반면, 개발도상국 그룹은 전체 GDP 대비 56%를 차지하고 있습니다.

이러한 지속적인 경제발전을 위한 경제 글로벌화, 세계 경제의 상호연결성 강화 등은 국내·외 유동인구 및 무역량을 날로 증가하고 있습니다.

그 예로 IATA(국제항공운송협회)가 최근 발표한 2017년 세계 항공통계에 따르면 작년 한 해 동안 RPK(유상여객킬로미터)는 전년 대비 7.6% 증가하여 2016년 6.3%는 물론 지난 10년 동안 평균 증가율(5.5%)을 상회하는 성장세로 작년 항공 이용객은 전 세계적으로 40억 명을 돌파했다고 합니다.

이중 국제선에서 가장 큰 성장을 보인 지역은 아시아·태평양 지역으로 RPK가 9.4% 성장했고, 국내선은 인도와 중국이 각각 17.5%, 13.3% 증가했다고 발표했습니다.

그리고 영국 해운조사기관 드류리의 세계 컨테이너항만 하역 수요 전망 보고서에 따르면, 최근 무역분쟁으로 인한 높은 관세 기조에도 장기적 관점에서의 세계 컨테이너항만 수요는 성장곡선을 연평균 6%대를 유지할 것으로 전망하고 있습니다.

이렇듯 항공교통량 증가, 선박의 대형화, 고속철도 확대 등 교통수요의 증가에 따른 국내·외 정세는 다양한 위협요인이 발생할 수 있으며, 이러한 위협들은 항공기를 비롯하여 선박, 철도, 대형체육행사장, 백화점, 호텔 등 다양한 곳에 존재하고 있다는 것을 2001년 미국의 9.11테러사건, 2004년 마드리드 열차 폭파사건, 2008년 베이징 올림픽 반대 폭탄테러사건, 2015년 11월 13일 프랑스와 독일의 친선 축구 경기가 열린 생드니의 스타드 드 축구경기장 인근 7곳에서 발생한 동시다발 연쇄테러사건 등으로 알 수 있습니다.

이러한 각종 테러의 위협에 대처하기 위하여 미국을 비롯하여 각 국가들은 테러와의 전쟁을 선포하는 등 다양한 대책을 강구하고 있으며 이에 우리나라도 적극적으로 동참하고 있습니다.

그 일환으로 국토교통부에서는 항공보안요원의 자격증제도 도입방안을 검토하여 항공보안종사자의 역량 및 전문성을 강화시키는 방안 중에는 "보안검색사"자격증 제도를 고려하고 있습니다.

이러한 자격증제도의 실효성이 입증될 경우 공항 뿐 만 아니라 항만, 철도 등 다양한 분야에 확대 시행하는 것이 바람직하다고 생각됩니다.

이러한 정부의 추진과제와 국민의 생명과 재산을 보호하고 국가보안시설인 공·항만, 정부기관, 발전소, 경기장, 방송국 등에서 불법행위를 하는 데에 사용될 수 있는 무기 또는 폭발물 등 위험성이 있는 물건들을 탐지 및 수색을 하는 보안검색 직무역량 향상에 다소나마 도움이 되기를 바라면서 "보안검색론"이란 책을 쓰게 되었습니다. 저자의 입장에서는 국가보안시설 및 공항·항만 등에서 보안업무에 종사하시는 분들과 보안기획 및 효율적인 운영업무를 수행하시는 분들의 욕구에 얼마나 충족될는지 염려가 되지만 독자 여러분의 크신 아량으로 이해해 주시기를 부탁드립니다. 감사합니다.

2018년 8월

저자올림

목 차

제1장 보안검색 개념 및 관련규정 ······························ 7

제1절 보안검색 정의 ··7

제2절 국가보안 보안검색 ··10

제3절 항공보안 보안검색 ··11

제4절 항만보안 보안검색 ··19

제5절 철도보안 보안검색 ··23

제2장 보안검색 운영 ·· 35

제1절 주요시설별 보안검색 중점 ·······································35

제2절 항공보안 보안검색방식 및 운영 ································39

제3절 승객 및 휴대물품 보안검색 ······································47

제4절 위탁수하물 보안검색 ···60

제5절 신체 및 휴대물품 보안검색 절차 ······························65

제6절 항공화물 보안검색 ··83

제7절 기내식 및 저장품 ···89

제3장 보안검색 물품식별 ··· 95

제1절 국가보안 금지물품 ···95

제2절 항공기내 반입금지물품 ···97

제3절 국제항해선박 및 항만시설반입금지물품 ································130

제4절 철도이용시 금지 위해물품 ··143

제5절 총포 · 도검 · 화약류 등의 안전관리에 관한 법률 ······················147

제6절 벌칙조항 ···159

제4장 보안검색 장비 ··· 169

제1절 보안검색장비 관련규정 ···169

제2절 보안검색장비 설치기준 ···175

제3절 보안검색장비 운용규정 ···181

제4절 보안검색장비 설치시 고려사항 ··188

제5절 보안검색장비 소개 ··202

Chap. 1

보안검색 개념 및 관련규정

제1절 보안검색 정의

제2절 국가보안 보안검색

제3절 항공보안 보안검색

제4절 항만보안 보안검색

제5절 철도보안 보안검색

제1장 보안검색 개념 및 관련규정

제1절 보안검색 정의

1. 사전적 정의

보안검색(保安檢索)의 사전적 정의는 "보안(保安) : 안전을 유지함"과 "검색(檢索) : 범죄나 사건을 밝히기 위한 단서나 증거를 찾기 위하여 살펴 조사함"의 합성어로서, "범죄나 사건을 밝히기 위한 증거를 찾기 위해 살펴 조사하여 안전을 유지하는 것"이라고 해석할 수 있다.

유사한 용어로는 검문검색(檢問檢索)이 있는데 이는 "경찰관 등이 범법자로 의심이 가는 사람을 조사하여 따져 묻고 단서나 증거를 찾기 위해 살펴 조사함"을 말하는 것으로 보안검색과는 조금은 다른 의미로 사용되고 있다.

경찰관직무집행법 제3조(불심검문(不審檢問))에서 경찰관은 "수상한 행동이나 그 밖의 주위 사정을 합리적으로 판단하여 볼 때 어떠한 죄를 범하였거나 범하려 하고 있다고 의심할 만한 상당한 이유가 있는 사람" 또는 "이미 행하여진 범죄나 행하여지려고 하는 범죄행위에 관한 사실을 안다고 인정되는 사람"에 대해 "사람을 정지시켜 질문할 수 있으며 그 사람이 흉기를 가지고 있는지를 조사할 수 있다."라고 규정하고 있으며 이를 보안검색의 일환으로 볼 수 있을 것이다.

보안검색에 대해 가장 명확하게 정의하고 있는 ICAO(국제민간항공기구)[1] 부속서(ANNEX) 17(항공보안)[2] 용어정의에서 "보안검색(Screening)이란 불법방해행위에 사용될 수 있는 무기, 폭발물 또는 다른 위험한 장치를 찾아내기 위한 기술 및 다른 수단의 적용"이라고 명시하고 있다.

또한 항공보안법에서도 용어정의를 명확히 하고 있는데 제2조 제9호에서 보안검색이란 "불법방해행위를 하는 데에 사용될 수 있는 무기 또는 폭발물 등 위험성이 있는 물건들을 탐지 및 수색하기 위한 행위를 말한다"라고 규정하고 있다.

2. 국가보안 관련법에서 정한 보안검색 정의

국가보안에서 보안검색 정의를 살펴보면 "국가정보원 국가보안시설 및 보호장비 관리지침" 제10조(출입통제)에서 국가보안시설의 시설주는 "국가보안시설 출입자에게 항상 출입증을 패용하게 하고, 허가받지 않은 지역의 출입을 통제하여야 하며 국가보안시설의 기능유지를 위해 출입인원과 차량에 대해서 보안검색을 할 수 있다"라고 규정하고 있다.

같은 지침 제27조(보안검색)에서는 보안검색에 대한 별도의 용어를 정의하고 있지는 않고 있으나 보안검색에 대한 국가차원의 범위를 명확히 정하고 있으며 다음과 같다.

① 「항공보안법」 제15∼17조에 따라 항공기에 탑승하는 사람, 휴대물품, 위탁수하물 및 항공기에서 내린 통과 승객, 환승승객 및 휴대물품에 대해서는 공항운영자, 항공화물에 대해서는 항공운송사업자가

---

1) 국제민간항공기구(ICAO:International Civil Aviation Organization)는 UN 경제사회이사회 산하에 있는 전문기구로서 항공산업의 균등한 발전을 도모하기 위하여 1944년에 결성되었고 전세계 1920개국이 가입되어 있으며 우리나라는 1948년도에 가입하여 활동중이다.

2) 항공보안이란 불법방해행위로부터 민간항공을 보호하기 인적·물적이 결합된 대책이다. (국제민간항공기구(ICAO) 부속서 17(SECURITY) 용어정의 참조)

각각 보안검색을 실시한다. 이 경우 보안검색에 대한 지도·감독은 감독기관의 장이 실시한다.

② 「국제항해선박 및 항만시설의 보안에 관한 법률」 제30조의2 등에 따라 선박에 승선하는 자의 신체, 휴대물품 및 위탁수하물에 대한 보안검색은 여객터미널을 운영하는 항만시설소유자가 실시한다. 다만, 파업 등으로 항만시설소유자가 보안검색을 실시할 수 없는 경우에는 지도·감독기관의 장이 실시한다. 이 경우 신체 및 휴대물품의 보안검색은 관할 경찰서장, 위탁수하물의 보안검색은 관할 세관장이 각각 지도·감독한다.

③ 「철도안전법」 제48조의2에 따라 여객열차에 승차하는 사람의 신체·휴대물품 및 수하물에 대한 보안검색을 실시하게 할 수 있다.

④ 제1항의 경우에 공항운영자와 항공운송사업자는 「경비업법」에 따른 특수경비업자에게, 제2항의 경우에는 항만소유자는「청원경찰법」에 따른 청원경찰을 고용하거나 「경비업법」에 따른 특수경비업자에게 각각 보안검색을 위탁할 수 있다. 국토교통부장관은 철도차량의 안전운행 및 철도시설의 보호를 위하여 필요한 경우에는 「사법경찰관리의 직무를 수행할 자와 그 직무범위에 관한 법률」 제5조제11호에 규정된 사람 "철도특별사법경찰관리"로 하여금 보안검색을 하게 할 수 있다.

⑤ 보안검색을 행하는 자는 보안검색과정에서 반·출입 금지물품이 은닉된 것으로 의심될 경우에는 검색대상자 및 소유자 동의하에 촉수·개봉 등의 방법으로 정밀검색을 실시할 수 있다.

위에서 언급한 보안검색의 정의를 종합해 보면 "공항, 항만, 철도, 국가시설 등에서 탑승객이나 출입자들이 휴대하거나 맡기는 물건 가운데 무기나 위험물이 있는지를 살펴서 찾아내는 일"을 보안검색이라고 정리할 수도 있을 것이다.

제2절 국가보안 보안검색

국가보안시설 및 보호장비 관리지침 제27조(보안검색)에서 따라 보안검색에서 휴대 또는 반출을 금지하는 물품은 다음과 같다.

① 헌법질서를 문란하게 하거나 공안을 해할 우려가 있는 서적, 간행물, 영화, 비디오물, 컴퓨터 프로그램, 기타 이에 준하는 물품

② 국가 · 산업기밀과 관련된 문서, 도면, 컴퓨터 프로그램, 기타 이에 준하는 물품.

③ 위 · 변조 화폐(내 · 외국환, 은행권, 채권, 기타 유가증권 등의 위 · 변조품) 위 · 변조 여권

④ 총포 · 도검 · 화약류 등 단속법의 규제대상 물품중 관련규정에 의거 허가받지 않은 물품

⑤ 마약 · 향정신성 의약품, 대마 등 마약류

⑥ 기타 관계법령 및 국가안보를 위해 반 · 출입이 금지된 물품

기타 관계법령에 따라 보안검색에서 휴대 또는 반출을 금지하는 물품은 다음과 같다.

① 앵속, 아편, 코카 잎 등 마약류향정신성의약품류, 대마류 등, 이들의 제품은 보건복지부장관의 허가(대마관리법 제4조, 마약법 제6조, 향정신성 의약품관리법제3조)

② 멸종위기에 처한 야생 동 · 식물종의 국제거래에 관한 협약(CITES)에서 보호하는 살아있는 야생 동 · 식물 및 이들을 사용하여 만든 제품 · 가공품.

(1) 호랑이 · 표범 · 코끼리 · 타조 · 매 · 올빼미 · 코브라 · 거북 · 악어 · 철갑상어 · 산호 · 난 · 선인장 · 알로에 등과 이들의 박제 · 모피

(2) 웅담 · 사향 등의 동물한약 등

(3) 목향·구척·천마등과 이들을 사용하여 제조한 식물한약 또는 의약품 등

③ 미화 1만불 상당액을 초과하는 대외지급수단(약속어음, 환어음, 신용장 제외)과 내국통화(원화) 및 원화표시여행자수표, 자기앞수표, 당좌수표, 우편환

④ 귀금속(일상적으로 사용하는 금반지, 목걸이 등은 제외) 및 증권

⑤ 문화재는 국외반출시 문화체육부장관의 국외반출허가증 또는 시·도지사의 비문화재 확인증 제출.

⑥ 수산업법, 수산동식물 이식승인에 관한규칙 제5조 및 제6조 해당물품으로 국내의 수자원 보호유지 및 양식용 종묘확보에 지장을 초래할 우려가 있는 물품, 천연기념물로 지정된 품종, 우리나라의 특산품종 또는 희귀품종 ,수산자원보호령 제10조에서 정한 몸길이 이하의 것,

⑦ 폐기물의 국가간 이동 및 그 처리에 관한법률 해당물품

⑧ 식물·과일채소류·농림산물류

⑨ 동물(고기·가죽·털 포함)·축수산물

제3절 항공보안 보안검색

1. 보안검색의 정의

국제적으로는 국제민간항공기구(ICAO) 부속서(Annex) 17(SECURITY)에서 보안검색이란 “불법행위에 사용될 수 있는 무기, 폭발물 또는 다른 위험한 장치를 찾아내기 위한 기술 및 다른 수단의 적용”이라고 정의

하고 있으며, 국내에서는 항공보안법 제2조 제9호에서 보안검색이란 "불법방해행위를 하는 데에 사용될 수 있는 무기 또는 폭발물 등 위험성이 있는 물건들을 탐지 및 수색하기 위한 행위를 말한다"라고 규정하고 있다.

여기서 "불법방해행위(Acts of Unlawful Interference)"라 함은 항공보안법 제2조 제8호에서"항공기의 안전운항을 저해할 우려가 있거나 운항을 불가능하게 하는 행위"로 규정하고 있으며 세부항목은 표 1-1과 같다.

【항공보안법에서 정한 불법방해행위의 유형】
① 지상에 있거나 운항중인 항공기를 납치하거나 납치를 시도하는 행위
② 항공기 또는 공항에서 사람을 인질로 삼는 행위
③ 항공기, 공항 및 항행안전시설을 파괴하거나 손상시키는 행위
④ 항공기, 항행안전시설 및 제12조에 따른 보호구역(이하 "보호구역"이라 한다)에 무단 침입하거나 운영을 방해하는 행위
⑤ 범죄의 목적으로 항공기 또는 보호구역 내로 제21조에 따른 무기 등 위해물품(危害物品)을 반입하는 행위
⑥ 지상에 있거나 운항중인 항공기의 안전을 위협하는 거짓 정보를 제공하는 행위 또는 공항 및 공항시설 내에 있는 승객, 승무원, 지상근무자의 안전을 위협하는 거짓 정보를 제공하는 행위
⑦ 사람을 사상(死傷)에 이르게 하거나 재산 또는 환경에 심각한 손상을 입힐 목적으로 항공기를 이용하는 행위
⑧ 그 밖에 이 법에 따라 처벌받는 행위

[표 1-1] 불법방해행위의 유형

2. 보안검색 관련법률의 변천

1973.12. 3일 김창규의원 외 30명이 항공기에 대한 범죄, 특히 운항중 납치사건이 빈번하게 발생됨을 감안하여 항공기의 안전운항 기준과 대형화하는 항공기의 발달에 따른 항공범죄 구성요건과 형량을 규정할 수 있도록 하기 위해 '항공기납치방지법'으로 입법 발의하였으나 입법과정에서 법률제명이 '항공기운항안전법'으로 수정의결되어 1974.12.26.일 개정 · 시행되었다.

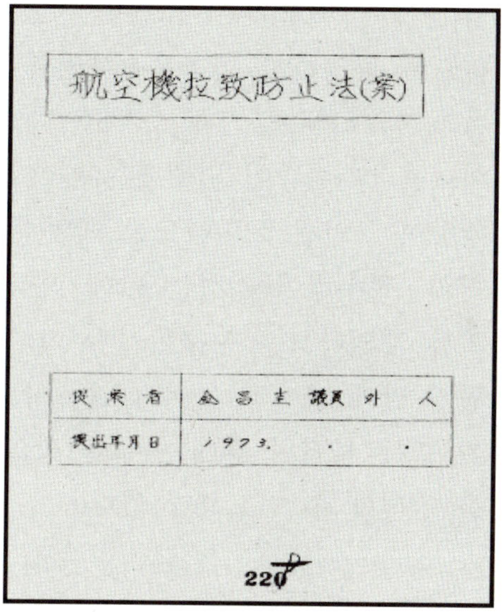
航空機拉致防止法(案)

提案者	金昌圭 議員 外 人
提出年月日	1973. . .

220

항공기납치방지법(안) 원문표지

항공기운항안전법은 운항중인 항공기를 납치하여 항공기와 그 탑승자의 안전을 위협하고, 항공기내의 재산 · 기물을 위태롭게 하거나 할 염려가 있는 행위 기타 기내의 질서 및 규율을 해하는 행동을 방지함을 목적으로 제4조(금지사항)에서 "항공기에는 무기, 도검류, 폭발물, 독극물, 연소성이 높은 물건등을 휴대 · 탑승하거나 탑재할 수 없다"라고 규정하고 있다.

제12조(항공기위험물건탑재죄)에서는 "제4조의 규정에서 정한 항공기에 탑재금지된 물건을 탑재하거나 타인에게 소지하게 한 자는 2년이상 5년이하의 징역에 처한다." 라고 규정함으로서 보안검색의 당위성을 법률로 정하였다.

1997.12.13.일 개정된 항공법 제61조(폭발물 등의 운송 또는 휴대의 금

지)에서 폭발성 또는 연소성이 높은 물건 또는 기타 다른 사람에게 위해를 주거나 다른 물건을 손괴할 우려가 있는 물건으로서 건설교통부령(현재 국토교통부)이 정하는 것은 이를 항공기에 의하여 운송할 수 없도록 규정하고 항공운송사업을 경영하는 자(항공운송사업자)는 수송품 중에 위해 물건의 유무를 확인하기 위하여 그가 지정한 직원으로 하여금 그 수송이 의뢰되는 때에 이를 점검하게 하여야 한다. 라고 규정하여 보안검색을 하도록 책임주체를 명확히 규정하였다.
건설교통부령이 정하는 바에 따라 특정한 직무를 수행하기 위하는 경우를 제외하고는 누구든지 무기 또는 제1항의 규정에 의한 물건을 항공기 안에 가지고 들어가서는 아니되며, 비행장에 파견된 경찰관은 무기 또는 물건의 휴대 여부를 확인하기 위하여 여객의 신체 또는 물건을 검색할 수 있도록 하였다.

항공기운항안전법은 2001. 3.29일 인천국제공항이 개항하고 같은 해 발생한 미국 9.11 항공기 자살테러사건을 계기로 "항공기운항안전법"과 항공법에서 규정하고 있던 보안검색을 포함한 항공보안 관련규정을 통합하여 "항공안전및보안에관한법률"로 2002. 8.26일 전문 개정하였다.
실질적으로 항공기 및 승객의 보호는 항공운송사업자의 임무임에도 이에 대한 명확한 법적근거가 없어, 개정안에서는 항공운송사업자에게 항공기의 보호 및 승객의 안전에 대한 의무를 부과하는 승객의 안전 및 항공기의 보안에 대한 주체를 신설하였다.
항공기의 보안 및 승객의 안전에 대한 책임을 항공운송사업자에게 부여하고, 테러 등 항공안전에 위협이 되는 경우 항공보안요원으로 하여금 무기를 소지하거나 안전조치의무를 부과할 수 있도록 하였으며 승객 및 휴대물품에 대한 보안검색에 대한 책임은 공항운영자에게, 위탁수하물 및 화물에 대한 검색은 항공운송사업자에게 각각 책임을 부과하고 보안검색에 소요되는 비용을 충당하기 위한 법적근거를 마련하였다.
또한 통과 및 환승승객에 대해 보안검색 및 관리를 가능하도록 하기 위하여 휴대물품을 소지하여 항공기에서 내리도록 강제함으로서 국제민간항공협약에 의거하여 국제공항의 통과 및 환승지역 내에서의 범죄에 대한 처벌 근거를 마련하고, 항공기에 위해를 가할 목적으로 위해물품을 반입하는 행위를 방지하고자 하였으며 승객이 아닌 관계기관 종사자 등도 보안검색의 대상이 되어야 하므로 이에 대한 법적 근거를 두었다.

3. 보안검색 책임과 역할변화

구 분	보안검색업무	보안검색관리감독	비고
'93. 9. 7 이전	경찰 전담	-	
'93. 9. 7 이후	항공사 (비용부담 및 청원경찰)	공항경찰대	김포, 김해, 제주공항
'01. 3.29 인천국제공항 개항	항공사 (비용부담 및 용역업체)	공항운영자	모든 지방공항 으로 확대
'02.11.27 항공안전및보안에 관한법률 시행	공항운영자	공항운영자	화물보안검색은 항공사

4. 승객 등의 보안검색

항공보안법 제15조에 따라 항공기에 탑승하는 사람은 신체, 휴대물품 및 위탁수하물에 대한 보안검색을 받아야 한다. 공항운영자는 항공기에 탑승하는 사람, 휴대물품 및 위탁수하물에 대한 보안검색을 하고, 항공운송사업자는 화물에 대한 보안검색을 하여야 한다.
다만, 관할 국가경찰관서의 장은 범죄의 수사 및 공공의 위험예방을 위하여 필요한 경우 보안검색에 대하여 필요한 조치를 요구할 수 있고, 공항운영자나 항공운송사업자는 정당한 사유 없이 그 요구를 거절할 수 없다는 단서조항을 추가하였는데 이는 입법과정에서 경찰청의 요구를 수용한 것이었다.

공항운영자 및 항공운송사업자는 보안검색을 직접 수행하거나 경비업법에서 정한 따른 경비업자 중 공항운영자 및 항공운송사업자의 추천을 받아 국토교통부장관이 지정한 업체에 위탁하여 수행할 수 있다.

5. 승객이 아닌 사람에 대한 보안검색

항공보안법 제16조에 따라 공항운영자의 허가를 받아 보호구역[3]으로 들어가는 사람 또는 물품에 대하여도 보안검색을 하여야 한다. 이 경우 보안검색의 방법 · 절차 · 면제 및 위탁 등은 승객 등의 보안검색 규정을 준용하여야 한다.

화물터미널 내에 지정된 보호구역으로 들어가는 사람 또는 물품에 대한 보안검색은 화물터미널운영자가 하여야 하며 이 경우 보안검색의 방법 · 절차 · 면제 및 위탁 등에 관하여는 승객 등의 보안검색 규정을 준용하여야 한다.

6. 통과승객 또는 환승승객에 대한 보안검색

항공보안법 제17조에 따라 항공운송사업자는 항공기가 공항에 도착하

3) "보호구역"이라 함은 보안검색이 완료된 구역, 활주로, 계류장(繫留場) 등 공항시설의 보호를 위하여 필요한 구역으로 국토교통부장관의 승인을 받아 지정하여야 하며 ①보안검색이 완료된 구역 ②출입국심사장 ③세관검사장 ④관제탑 등 관제시설 ⑤활주로 및 계류장(항공운송사업자가 관리·운영하는 정비시설에 부대하여 설치된 계류장은 제외한다) ⑥항행안전시설 설치지역 ⑦화물청사 ⑧제4호부터 제7호까지의 규정에 따른 지역의 부대지역을 포함한다.

면 통과 승객이나 환승 승객으로 하여금 휴대물품을 가지고 내리도록 하여야 한다.

공항운영자는 항공기에서 내린 통과 승객, 환승 승객, 휴대물품 및 위탁수하물에 대하여 보안검색을 하여야 한다.

7. 상용화주에 대한 보안검색

항공보안법 제17조의 2에 따라 국토교통부장관은 검색장비, 항공보안검색요원 등 국토교통부령으로 정하는 기준을 갖춘 화주(貨主) 또는 항공화물을 포장하여 보관 및 운송하는 자를 지정하여 항공화물 및 우편물에 대하여 보안검색을 실시하게 할 수 있다. 항공운송사업자는 상용화주가 보안검색을 한 항공화물 및 우편물에 대하여 보안검색을 생략할 수 있다.

상용화주의 지정기준은 여객기에 탑재하는 화물의 보안검색을 위한 엑스선 검색장비와 화물기에 탑재하는 화물의 보안검색을 검색장비로 하는 경우에는 엑스선 검색장비, 폭발물 탐지장비 또는 폭발물 흔적탐지장비를 구비하고 항공보안검색요원을 2명 이상 확보하여야 한다.

또한 항공화물의 보안을 위해 ①화물을 포장 또는 보관할 수 있는 시설로서 일반구역과 분리되어 항공화물에 대한 보안통제가 이루어질 수 있는 시설 ②보안검색이 완료된 항공화물이 완료되지 않은 항공화물과 섞이지 않도록 분리할 수 있는 시설을 설치하여야 한다.

8. 항공보안 장비

항공보안법 제27조에 따라 공항운영자, 항공운송사업자, 화물터미널운영자 및 상용화주는 국토교통부장관이 고시하는 “항공보안장비의 종류,

성능 및 운영방법 등에 관한 기준"에서 정한 항공보안장비를 사용하여야 하며 항공보안장비 종류는 다음과 같다.

1. 엑스선 검색장비
2. 금속탐지장비 (문형 금속탐지장비, 휴대용 금속탐지장비)
3. 폭발물 탐지장비
4. 폭발물흔적탐지장비
5. 액체폭발물탐지장비
6. 원형검색장비
7. 신발검색장비
8. 기타 국토교통부장관이 필요하다고 인정하는 장비

9. 보안검색 교육훈련

항공보안법 제28조에 따라 보안검색 업무를 감독하거나 보안검색업무를 수행하는 사람은 국토교통부장관이 지정한 교육기관에서 검색방법, 검색절차, 검색장비의 운용, 그 밖에 보안검색에 필요한 교육훈련을 이수하여야 한다.

보안검색요원이 보안검색업무를 수행하기 전에 국토교통부장관이 지정한 보안검색교육기관으로부터 "보안검색요원 초기교육과정(40시간이상)"을 받아야 하며 보안검색요원 현장직무교육(80시간이상) 이수하여야 하며, 보안검색 업무수행에 필요한 능력여부를 확인하기 위한 인증평가를 실시하여 합격한 사람에 한해 항공보안검색요원 인증서를 발급한다.

보안검색요원은 연 1회 이상 정기교육을 이수(8시간이상)하여야 한다.

보안검색요원은 보안검색업무를 수행하는 중에 보안검색을 실패하거나 불시평가에서 합격하지 못한 경우에는 8시간 이상 재교육을 받은 후에 보안검색업무를 수행하도록 하여야 한다.
공항운영자 또는 항공운송사업자 등이 보안검색감독자를 지정하는 경우에는 보안검색 초기교육과정과 보안검색감독자 초기교육과정(8시간 이상)을 이수하여야 하며 연1회이상 보안검색감독자 정기교육과정(8시간이상)을 이수하여야 한다.

제4절 항만보안 보안검색

1. 승선자 보안검색

국제항해선박 및 항만시설의 보안에 관한 법률 제30조의2에 따라 여객선으로 사용되는 대한민국 국적 또는 외국 국적의 국제항해선박에 승선하는 자는 신체·휴대물품 및 위탁수하물에 대한 보안검색을 받아야 한다. 보안검색은 해당 국제여객터미널을 운영하는 항만시설소유자가 실시하여야 한다.
항만시설소유자가 실시하는 보안검색 중에 신체 및 휴대물품의 보안검색의 업무는 관할 경찰관서의 장이 지도·감독하고, 위탁수하물의 보안검색에 대하여는 관할 세관장이 지도·감독한다.
같은 법 시행규칙 제37조의2에 따라 국제여객터미널을 운영하는 항만시설소유자는 여객선으로 사용되는 대한민국 국적 또는 외국 국적의 국제항해선박에 승선하는 자의 신체·휴대물품 및 위탁수하물에 대하여 문형금속탐지기, 휴대용금속탐지기 또는 비파괴영상검색장비 등을 사용하여 보안검색을 하여야 한다. 이 경우 폭발물이나 무기류 등이 있다고 의심이 되면 폭발물 탐지장비를 사용하여 보안검색을 할 수 있다.
항만시설소유자는 보안검색을 거부하거나 폭발물이나 무기류 등을 휴대한 자가 보안검색이 완료된 지역으로 진입할 수 없도록 필요한 조치를 하여야 한다.

항만시설소유자는 다음에 해당하는 경우에는 승선하는 자의 동의를 받아 직접 신체의 검색을 하거나 휴대물품의 개봉검색을 하여야 한다.

① 검색장비가 정상적으로 작동되지 아니하는 경우

② 검색장비의 경보음이 울리는 경우

③ 폭발물이나 무기류 등을 휴대하거나 은닉하고 있다고 의심되는 경우

④ 검색장비에 의한 검색결과, 그 내용물을 판독할 수 없는 경우

⑤ 항만시설의 보안등급이 상향되거나 보안상 위협에 관한 정보의 입수 등에 따라 개봉검색이 필요하다고 인정되는 경우

2. 보안검색 인력

국제항해선박 및 항만시설의 보안에 관한 법률 제31조에 따라 항만시설소유자는 그가 소유하거나 관리·운영하는 항만시설에 대하여 보안을 확보·유지하고 국제항해여객선 승객 등의 보안검색을 하는 데 필요한 경비·검색인력을 확보하고 필요한 시설과 장비를 신축·증축·개축하거나 설치하고 이를 유지·보수하여야 한다.

경비·보안검색인력은 다음 각 호의 어느 하나에 해당하는 방법으로 확보하여야 한다.

① 「청원경찰법」에 따른 청원경찰의 고용

② 「경비업법」 제2조제1호마목에 따른 특수경비업무의 허가를 받은 경비업자 중 제3항에 따라 지정받은 업체에 대한 경비·검색업무의 위탁

부두의 주출입구 및 주된 출입구 외에 사람과 차량이 상시 출입하는 그 밖의 출입구에는 경비·보안검색인력으로 「청원경찰법」에 따른

청원경찰 또는 「경비업법」 제2조제3호나목에 따른 특수경비원을 2명 이상을 상시 배치하여야 한다. 또한 국제항해여객선이 취항하는 국제여객터미널에는 국제여객터미널에서 출항 수속을 시작할 때부터 끝날 때까지 3명 이상의 검색인력을 추가로 배치하여야 한다.

3. 항만보안 장비

국제항해선박 및 항만시설의 보안에 관한 법률 제33조에 따라 항만시설을 이용하는 자는 보안사건이 발생하는 것을 예방하기 위하여 다음 각 호에 해당하는 행위를 해서는 아니되는 의무규정을 지키도록 하고 있다.

① 항만시설이나 항만 내의 선박에 위법하게 폭발물이나 무기류 등을 반입·은닉하는 행위
② 보안사건의 발생을 예방하기 위한 검문검색 및 지시 등에 정당한 사유 없이 불응하는 행위
③ 항만시설 내 해양수산부령으로 정하는 지역을 정당한 출입절차 없이 무단으로 출입하는 행위

이에 따라 항만시설소유자는 그 지역을 보호하기 위하여 울타리, 2.7m 이상의 담 또는 장벽(울타리)을 설치하여야 하며, CCTV카메라와 침입탐지장비를 중복하여 설치하여야 한다. 또한 항만시설중 육상구역 출입구, 선박계류지역, 야적장 및 울타리 등에는 일정 이상의 조도가 유지되도록 보안등을 설치하고 해가 질 때부터 해가 뜰 때까지 상시 조명되도록 하여야 한다.

부두의 주 출입구와 그 밖에 상시 출입이 이루어지는 출입구에는 대인(對人) 보안검색용 문형 또는 휴대용 금속탐지기를 1대 이상 설치하여야 하며 차량 출입구에는 검색경(檢索鏡) 등 차량 하부 검색장비를 1

대 이상 설치하고 차량의 무단 진입을 차단하기 위하여 철침판 또는 차량돌진 방지턱, 차량 통과를 차단할 수 있는 철제차단기(Barricade) 등을 장애물을 설치·운영하여야 한다.

4. 보안검색 교육훈련

국제항해선박 및 항만시설의 보안에 관한 법률 제39조에 따라 국제항해선박소유자 및 항만시설소유자는 총괄보안책임자·선박보안책임자 및 항만시설보안책임자와 보안책임자 외의 자로서 항만시설에서 보안 업무를 담당하는 자에 대한 보안교육 및 훈련에 관한 계획을 수립·시행하여야 한다.

국제항해선박소유자와 항만시설소유자는 각자의 소속 보안책임자로 하여금 해당 선박의 승무원과 항만시설의 종사자에 대하여 3개월 이내의 기간을 주기로 보안훈련을 실시하게 하여야 한다.

제33조 항만시설을 이용하는 자는 보안사건이 발생하는 것을 예방하기 위하여 다음 각 호에 해당하는 행위를 하여서는 아니된다.

① 항만시설이나 항만 내의 선박에 위법하게 폭발물이나 무기류 등을 반입·은닉하는 행위

② 보안사건의 발생을 예방하기 위한 검문검색 및 지시 등에 정당한 사유 없이 불응하는 행위

③ 항만시설 내 해양수산부령으로 정하는 지역을 정당한 출입절차 없이 무단으로 출입하는 행위

④ 항만시설 내 사진촬영이 제한되는 구역으로서 해양수산부령으로 정하는 구역에서 사진촬영을 하는 행위

5. 보안검색 방법과 절차

국제항해선박 및 항만시설의 보안에 관한 법률 시행규칙 제37조의2에 따라 국제여객터미널을 운영하는 항만시설소유자는 법 제30조의2제1항에 따라 여객선으로 사용되는 대한민국 국적 또는 외국 국적의 국제항해선박에 승선하는 자의 신체·휴대물품 및 위탁수하물에 대하여 문형금속탐지기, 휴대용금속탐지기 또는 비파괴영상검색장비 등을 사용하여 보안검색을 하여야 한다. 이 경우 폭발물이나 무기류 등이 있다고 의심이 되면 폭발물 탐지장비를 사용하여 보안검색을 할 수 있다.

항만시설소유자는 보안검색을 거부하거나 폭발물이나 무기류 등을 휴대한 자가 보안검색이 완료된 지역으로 진입할 수 없도록 필요한 조치를 하여야 하며 다음 각 호의 어느 하나에 해당하는 경우에 승선하는 자의 동의를 받아 직접 신체의 검색을 하거나 휴대물품의 개봉검색을 하여야 한다.

① 검색장비가 정상적으로 작동되지 아니하는 경우

② 검색장비의 경보음이 울리는 경우

③ 폭발물이나 무기류 등을 휴대하거나 은닉하고 있다고 의심되는 경우

④ 검색장비에 의한 검색결과, 그 내용물을 판독할 수 없는 경우

⑤ 항만시설의 보안등급이 상향되거나 보안상 위협에 관한 정보의 입수 등에 따라 개봉검색이 필요하다고 인정되는 경우

다만, 보안검색 결과 승선하는 자가 휴대한 폭발물이나 무기류 등이 선박보안을 침해하지 아니한다고 인정하는 경우에는 위탁수하물로 신게 할 수 있다.

제5절 철도보안 보안검색

1. 위험물 운송금지

철도안전법 제42조에 따라 무기, 화약류, 유해화학물질 또는 인화성이 높은 물질 등 공중이나 여객에게 위해를 끼치거나 끼칠 우려가 있는 물건 또는 물질을 열차에서 휴대하거나 적재할 수 없도록 규정하고 있으며 다만, 국토교통부장관 또는 시·도지사의 허가를 받은 경우 또는 국토교통부령으로 정하는 특정한 직무를 수행하기 위한 경우에는 제외하도록 하고 있다.

철도안전법 시행규칙 제78조에 따른 위해물품의 종류는 다음 각 호와 같으며 철도운영자등은 위해물품에 대하여 휴대나 적재의 적정성, 포장 및 안전조치의 적정성 등을 검토하여 휴대나 적재를 허가할 수 있다. 이 경우 해당 위해물품이 위해물품임을 나타낼 수 있는 표지를 포장 바깥면 등 잘 보이는 곳에 붙여야 한다.

① 화약류 : 「총포·도검·화약류 등의 안전관리에 관한 법률」에 따른 화약·폭약·화공품과 그 밖에 폭발성이 있는 물질

② 고압가스 : 섭씨 50도 미만의 임계온도를 가진 물질, 섭씨 50도에서 300킬로파스칼을 초과하는 절대압력(진공을 0으로 하는 압력을 말한다. 이하 같다)을 가진 물질, 섭씨 21.1도에서 280킬로파스칼을 초과하거나 섭씨 54.4도에서 730킬로파스칼을 초과하는 절대압력을 가진 물질이나, 섭씨 37.8도에서 280킬로파스칼을 초과하는 절대가스압력(진공을 0으로 하는 가스압력을 말한다)을 가진 액체상태의 인화성 물질

③ 인화성 액체 : 밀폐식 인화점 측정법에 따른 인화점이 섭씨 60.5도 이하인 액체나 개방식 인화점 측정법에 따른 인화점이 섭씨 65.6도

이하인 액체

④ 가연성 물질류 : 가연성고체, 자연발화성 물질, 그 밖의 가연성물질

⑤ 산화성 물질류 : 산화성 물질, 유기과산화물

⑥ 독물류 : 독물, 병독을 옮기기 쉬운 물질

⑦ 방사성 물질 : 「원자력안전법」 제2조에 따른 핵물질 및 방사성물질이나 이로 인하여 오염된 물질로서 방사능의 농도가 킬로그램당 74 킬로베크렐(그램당 0.002마이크로큐리) 이상인 것

⑧ 부식성 물질 : 생물체의 조직에 접촉한 경우 화학반응에 의하여 조직에 심한 위해를 주는 물질이나 열차의 차체·적하물 등에 접촉한 경우 물질적 손상을 주는 물질

⑨ 마취성 물질 : 객실승무원이 정상근무를 할 수 없도록 극도의 고통이나 불편함을 발생시키는 마취성이 있는 물질이나 그와 유사한 성질을 가진 물질

⑩ 총포·도검류 등 : 「총포·도검·화약류 등 단속법」에 따른 총포·도검 및 이에 준하는 흉기류

⑪ 그 밖의 유해물질 : 제1호부터 제10호까지 외의 것으로서 화학변화 등에 의하여 사람에게 위해를 주거나 열차 안에 적재된 물건에 물질적인 손상을 줄 수 있는 물질

철도안전법 제43조에 따라 점화류 또는 점폭약류를 붙인 폭약, 니트로글리세린, 건조한 기폭약, 뇌홍질화연에 속하는 것 등 대통령령으로 정하는 위험물을 탁송할 수 없으며, 철도운영자는 이를 철도로 운송할 수 없다.

철도안전법 제44조 위험물을 철도로 운송하려는 철도운영자는 국토교통부령으로 정하는 바에 따라 운송 중의 위험 방지 및 인명(인명) 보호를 위하여 안전하게 포장·적재하고 운송하여야 하며 위험물을 안전

하게 운송하기 위하여 철도운영자의 안전조치 등에 따라야 한다.

철도안전법 제48조의2에 따라 국토교통부장관은 철도차량의 안전운행 및 철도시설의 보호를 위하여 필요한 경우에는 여객열차에 승차하는 사람의 신체·휴대물품 및 수하물에 대한 보안검색을 실시하게 할 수 있도록 규정하고 있다.

2. 보안검색 인력

철도안전법 제48조의2에 따라 국토교통부장관은 철도차량의 안전운행 및 철도시설의 보호를 위하여 필요한 경우에는 「사법경찰관리의 직무를 수행할 자와 그 직무범위에 관한 법률」에 규정된 사람(철도특별사법경찰관리)으로 하여금 여객열차에 승차하는 사람의 신체·휴대물품 및 수하물에 대한 보안검색을 실시하게 할 수 있다.

철도특별사법경찰관리는 제1항에 따른 직무를 집행하기 위하여 필요한 경우에는 수갑 등 직무장비를 사용할 수 있다.

철도안전법 시행규칙 제80조에서 정한 여객열차에서의 금지행위는 다음 각 호와 같다.

① 여객에게 위해를 끼칠 우려가 있는 동식물을 안전조치 없이 여객열차에 동승하거나 휴대하는 행위

② 타인에게 전염의 우려가 있는 법정 감염병자가 철도종사자의 허락 없이 여객열차에 타는 행위

③ 철도종사자의 허락 없이 여객에게 기부를 부탁하거나 물품을 판매·배부하거나 연설·권유 등을 하여 여객에게 불편을 끼치는 행위

철도안전법 제81조에서 정한 폭발물 등 적치금지 구역 또는 시설은 다음 각 호와 같다.

① 정거장 및 선로(정거장 또는 선로를 지지하는 구조물 및 그 주변지

역을 포함한다)
② 철도 역사
③ 철도 교량
④ 철도 터널

철도안전법 제82조에서 정한 “국토교통부령으로 정하는 폭발물 또는 인화성이 높은 물건”이란 영 제44조 및 영 제45조에 따른 위험물로서 주변의 물건을 손괴할 수 있는 폭발력을 지니거나 화재를 유발하거나 유해한 연기를 발생하여 여객이나 일반대중에게 위해를 끼칠 우려가 있는 물건이나 물질을 말한다.
같은 법 시행령 제44조에서 정한 "점화류(점화류) 또는 점폭약류(점폭약류)를 붙인 폭약, 니트로글리세린, 건조한 기폭약(기폭약), 뇌홍질화연(뇌홍질화연)에 속하는 것 등 대통령령으로 정하는 위험물"이란 다음 각 호의 위험물을 말한다.
① 점화 또는 점폭약류를 붙인 폭약
② 니트로글리세린
③ 건조한 기폭약
④ 뇌홍질화연에 속하는 것
⑤ 그 밖에 사람에게 위해를 주거나 물건에 손상을 줄 수 있는 물질로서 국토교통부장관이 정하여 고시하는 위험물

같은 법 시행령에서 정한 제45조(운송취급주의 위험물) "대통령령으로 정하는 위험물"이란 다음 각 호의 위험물로서 주변의 물건을 손괴할 수 있는 폭발력을 지니거나 화재를 유발하거나 유해한 연기를 발생하여 여객이나 일반대중에게 위해를 끼칠 우려가 있는 물건이나 물질을 말한다.

① 철도운송 중 폭발할 우려가 있는 것
② 마찰 · 충격 · 흡습(흡습) 등 주위의 상황으로 인하여 발화할 우려가 있는 것
③ 인화성 · 산화성 등이 강하여 그 물질 자체의 성질에 따라 발화할 우려가 있는 것
④ 용기가 파손될 경우 내용물이 누출되어 철도차량 · 레일 · 기구 또는 다른 화물 등을 부식시키거나 침해할 우려가 있는 것
⑤ 유독성 가스를 발생시킬 우려가 있는 것
⑥ 그 밖에 화물의 성질상 철도시설 · 철도차량 · 철도종사자 · 여객 등에 위해나 손상을 끼칠 우려가 있는 것

철도안전법 시행규칙 제83조에서 정한 철도시설이란 다음 각 호의 철도시설을 말한다.
① 위험물을 적하하거나 보관하는 장소
② 신호 · 통신기기 설치장소 및 전력기기 · 관제설비 설치장소
③ 철도운전용 급유시설물이 있는 장소
④ 철도차량 정비시설

철도안전법 시행규칙 제84조에서 정한 열차운행에 지장을 줄 수 있는 유해물이란 철도시설이나 철도차량을 훼손하거나 정상적인 기능 · 작동을 방해하여 열차운행에 지장을 줄 수 있는 산업폐기물 · 생활폐기물을 말한다.
철도안전법 시행규칙 제85조 질서유지를 위한 금지행위는 다음 각 호의 행위를 말한다.
① 흡연이 금지된 철도시설이나 철도차량 안에서 흡연하는 행위
② 철도종사자의 허락 없이 철도시설이나 철도차량에서 광고물을 붙이거나 배포하는 행위

③ 역시설에서 철도종사자의 허락 없이 기부를 부탁하거나 물품을 판매·배부하거나 연설·권유를 하는 행위
④ 철도종사자의 허락 없이 선로변에서 총포를 이용하여 수렵하는 행위

3. 보안검색 방법과 절차

철도안전법 시행규칙 제85조의2에서 정한 보안검색의 실시 방법 및 절차 등 실시 범위는 다음 각 호의 구분에 따른다.

① 전부검색: 국가의 중요 행사 기간이거나 국가 정보기관으로부터 테러 위험 등의 정보를 통보받은 경우 등 국토교통부장관이 보안검색을 강화하여야 할 필요가 있다고 판단하는 경우에 국토교통부장관이 지정한 보안검색 대상 역에서 보안검색 대상 전부에 대하여 실시
② 일부검색: 법 제42조에 따른 휴대·적재 금지 위해물품(이하 "위해물품"이라 한다)을 휴대·적재하였다고 판단되는 사람과 물건에 대하여 실시하거나 제1호에 따른 전부검색으로 시행하는 것이 부적합하다고 판단되는 경우에 실시

위해물품을 탐지하기 위한 보안검색은 철도안전법 시행규칙 제85조의3에 따른 보안검색장비를 사용하여 검색한다. 다만, 다음 각 호의 어느 하나에 해당하는 경우에는 여객의 동의를 받아 직접 신체나 물건을 검색하거나 특정 장소로 이동하여 검색을 할 수 있다.

① 검색장비의 경보음이 울리는 경우
② 위해물품을 휴대하거나 숨기고 있다고 의심되는 경우
③ 검색장비를 통한 검색 결과 그 내용물을 판독할 수 없는 경우
④ 검색장비의 오류 등으로 제대로 작동하지 아니하는 경우
⑤ 보안의 위협과 관련한 정보의 입수에 따라 필요하다고 인정되는 경우

국토교통부장관은 보안검색을 실시하게 하려는 경우에 사전에 철도운영자등에게 보안검색 실시계획을 통보하여야 한다. 다만, 범죄가 이미 발생하였거나 발생할 우려가 있는 경우 등 긴급한 보안검색이 필요한 경우에는 사전 통보를 하지 아니할 수 있다. 보안검색 실시계획을 통보받은 철도운영자등은 여객이 해당 실시계획을 알 수 있도록 보안검색 일정·장소·대상 및 방법 등을 안내문에 게시하여야 한다.

법 제48조의2에 따라 철도특별사법경찰관리가 보안검색을 실시하는 경우에는 검색 대상자에게 자신의 신분증을 제시하면서 소속과 성명을 밝히고 그 목적과 이유를 설명하여야 한다. 다만, 다음 각 호의 어느 하나에 해당하는 경우에는 사전 설명 없이 검색할 수 있다.

① 보안검색 장소의 안내문 등을 통하여 사전에 보안검색 실시계획을 안내한 경우

② 의심물체 또는 장시간 방치된 수하물로 신고된 물건에 대하여 검색하는 경우

4. 보안검색 장비

철도안전법 시행규칙 제85조의3에 따라 보안검색 직무장비 종류 및 사용기준은 다음 각 호의 구분에 따른다.

① 위해물품을 검색·탐지·분석하기 위한 장비: 엑스선 검색장비, 금속탐지장비(문형 금속탐지장비와 휴대용 금속탐지장비를 포함한다), 폭발물 탐지장비, 폭발물흔적탐지장비, 액체폭발물탐지장비 등

② 직무 수행 시 안전을 위하여 착용·휴대하는 장비: 방검복, 방탄복, 방폭 담요 등

③ 범인의 도주 방지·체포와 공무집행에 대한 항거의 억제를 위하여 필요한 장비: 가스분사기, 가스발사총(고무탄 발사겸용을 포함한다), 전자충격기, 호신용 경봉, 수갑, 포승, 호송용포승 등

보안검색장비의 사용기준 등은 「항공보안법」 제27조제1항에 따른 항공안전보안장비의 기준에 따른다. 철도특별사법경찰관리가 보안검색 장비를 사용할 때에는 필요한 최소한의 범위에서 사용하여야 하고, 그 사용기준은 다음 각 호와 같다.

① 가스분사기 · 가스발사총 : 범인의 도주 방지 또는 체포, 타인 또는 철도특별사법경찰관리의 생명 · 신체에 대한 방호, 공무집행에 대한 항거의 억제를 위하여 필요한 경우에 사용하며, 1미터 이내의 거리에서 상대방의 얼굴을 향하여 발사해서는 아니 된다.

② 전자충격기 : 14세 미만의 자 또는 임산부에게 사용해서는 아니 되며, 전극침 발사장치가 있는 전자충격기의 경우 상대방의 얼굴을 향하여 전극침을 발사해서는 아니 된다.

③ 호신용 경봉 : 타인 또는 철도특별사법경찰관리의 생명 · 신체의 위해와 공공시설 · 재산의 위험을 방지하기 위하여 필요한 때에 사용한다.

④ 수갑 · 포승 · 호승용포승 등: 체포영장 · 구속영장의 집행, 신체의 자유를 제한하는 판결 또는 처분을 받은 자를 법률이 정한 절차에 따라 호송하거나 수용할 때에 사용한다.

Chap. 2

보안검색 운영

제1절 주요시설별 보안검색 중점

제2절 항공보안 보안검색방식 및 운영

제3절 승객 및 휴대물품 보안검색

제4절 위탁수하물 보안검색

제5절 신체 및 휴대물품 보안검색 절차

제6절 항공화물 보안검색

제7절 기내식 및 저장품

제2장 보안검색 운영

제1절 주요시설별 보안검색 중점

1. 공 · 항만 보안검색

(1) 보안검색 목적

공 · 항만 제한구역에 출입하거나 항공기 및 선박에 탑승하고자하는 사람들에 대한 몸수색과 항공기 및 선박 내에 반입하는 수하물을 비롯한 화물을 반입허용 기준에 따라 합당하게 수색하고 금지물품, 제한물품, 기타 문제소지가 있다고 판단되는 모든 물품을 제한구역이나 항공기나 선박에 반입하지 못하도록 하는 것이다.

(2) 보안검색 대상

항공기나 선박으로 운송을 하는 경우 인명과 재산의 안전에 중대한 위험을 초래할 수 있는 총기와 경찰봉, 도끼, 침이 달린 지팡이 같은 끝이 뾰족하거나 뭉툭한 쇠붙이로 공격용 또는 방어용으로 제작된 물품과 얼음 칼, 끝이 금속으로 입힌 지팡이, 면도날, 끝이 길고 뾰족한 가위, 칼, 공구, 에어졸 처럼 공격용 또는 방어용으로 사용될 수 있는 모든 일반물품 등의 모조품, 기타 의심스러운 물품은 항공기 및 선박 내에 소지할 수 없는 물품으로 국제민간항공기구(ICAO)의 위험물 안전

항공운송기술지침서 등에는 특정한 물품과 물질을 위험물로 분류하고 있으며 이러한 위험물품을 승객이 소지하거나 휴대물품, 위탁수하물 또는 화물에 넣어서 운송되지 않도록 하여야 한다.

예를 들면 폭발물은 수류탄, 폭죽, 조명탄 등과 가스에는 프로판, 부탄가스. 발화성액체에는 가솔린, 메탄올. 발화고체 및 반응물질에는 마그네슘, 파이어 라이터. 산화제 및 유기과산화물은 표백제, 자동차 차체 수리키트. 유독물질 및 감염물질은 쥐약, 감염된 혈액. 방사능물질에는 의료용 또는 상업용의 방사능 동위원소. 부식물에는 수은, 차량용 배터리, 기타 연료기름을 포함하는 차량용 연료 구성요소 등으로 3,000개 이상의 위험물이 검색대상이 되고 있다.

2. 국가중요시설 보안검색

(1) 보안검색 목적

보안제한구역이란 비밀보호와 국가중요시설, 장비 및 자재를 보호하기 위하여 필요한 장소에 일정한 범위를 정하여 운영하는 지역으로 보안제한구역을 출입하는 직원, 방문자 등의 신체, 휴대물품 그리고, 출입차량에 앞문의 포켓(도어 포켓), 선바이저, 장갑을 넣는 칸, 앞자리의 백미러와 발 밑 공간, 자리의 아래 공간, 트렁크/차 커버/ 화물구역, 바퀴(휠), 엔진룸 등에 대한 보안검색을 실시하여 위해물품 및 위험물품의 반입을 탐지하여 저지함으로서 보안제한구역의 안전을 확보하는데 있다.

(2) 보안검색 대상

보안검색의 대상물품은 보안제한구역에 들어가기 전에 모든 직원 등은 허가되지 않은 위험물품인 무기류, 폭발물류, 도검류, 기타 무기로 사용이 가능한 운동기구등을 비롯한 장구와 발화성물질, 인화성물질, 방사성물질, 폭발성물질 등 보호구역 안전에 위험을 줄 수 있는 물질 등이 그 대상이다.

3. 올림픽 등 대형체육행사 등 보안검색

(1) 보안검색 목적

대규모 스포츠 행사장에서 테러위협 행위나 대규모의 군중들로 인한 소요사태 및 질서혼란상태가 야기될 수 있으며, 이로 인한 인적, 물적 피해 발생에 대한 안전강구, 경기장 내·외곽 시설물에 대한 테러예방, VIP와 선수보호, 관람객에 대한 신변보호 등으로 대규모 체육행사의 원활한 진행 및 경기운영, 질서유지를 위함이다.

(2) 보안검색 대상

음식 및 음료, 텀블러, 유리 용기, 액체류, 소음 유발 응원 도구(막대, 풍선, 꽹가리, 징, 확성기, 부부젤라, 호루라기), 대형 국기, 인종차별 특정 종교 정치적 상업적 그림, 폭발성물질 및 재질, 점화장치 총기와 탄약무기로 의심되는 장치, 다른 사람에게 위해를 줄 수 있는 물건, 대마 등 마약류, 향정신성 의약품, 압축 및 액화가스, 강산성 물질, 가연성 위험물 총, 부피 100밀리미터이상 액체나 약재 의약품, 모든 종류의 액체, 모든 종류의 유리용기, 내용물이 확인되지 않는 용기 내 미확인 액체류 젤 크림 분말가루, 알콜 비알콜 전체, 허가 되지 않은 반려동물 등이 있다.

4. 박물관, 전시장 등의 보안검색

(1) 보안검색 목적

관람자에게 피해를 가하거나 전시물품 및 시설을 파괴하는데 사용할 수 있는 위협물품 및 위험물품이나, 사진촬영기기, 음식물, 담배 등을 박물관이나 전시장 등의 시설내로 반입되는 것을 방지함으로서 인명피해, 전시물품, 문화유산 등을 보호하는데 목적을 두고 있다.

(2) 보안검색 대상

보안검색 대상 물품은 공·항만처럼 위해물품이나 위협물품을 대상으로 보안검색을 하고 있으며 보안검색 중점대상은 테러에 이용될 수 있는, 총기류, 호신용가스, 철퇴(전기 곤봉), 칼 종류(주머니칼 포함), 드라이버, 가위, 손톱깍기, 담배, 라이터 등을 지참할 수 없도록 하고 상업용으로 이용될 수 있는 카메라 플래시·삼각대 등의 촬영장비, 음식물, 애완견(맹인안내견 제외), 등의 반입을 방지하기 위해 보안검색을 실시하고 있다.

5. 산업체 보안검색

(1) 보안검색 목적

회사의 주요 장비제작설계도면이나, 회사 기밀이나 기술자료 등이 직원 또는 방문자 등에 의해 회사 외부로 유출되는 것을 방지하는데 목적을 두고 실시한다.

(2) 보안검색 대상

보안검색 대상 물품은 회사의 주요기밀사항을 몸이나 휴대물품에 숨겨 나가는 노트북이나, 디스켓, CD, USB 등을 중점적으로 검색을 실시한다. 직원전용출입문에 문형금속탐지기와 X-ray검색장비를 설치하여 출입이 허가된 자 및 물품이 반·출입이 되지 않도록 하기 위해서 최근에는 문형금속탐지기에 디스켓, CD, USB 등을 찾아내는 장치를 설치하여 운영하고 있다.

제2절 항공보안 보안검색방식 및 운영

1. 보안검색 원칙

항공보안에서 보안검색의 기본원칙은 모든 승객 및 휴대물품은 항공기, 보안검색완료구역 또는 보안구역으로 들어오기 전에 예외없이 보안검색을 받아야 한다는 것이다. 이런 절차는 국제선은 물론 국내선에도 적용되어야 하며 보안검색을 완료한 지점에서 보안검색을 받은 사람과 받지 않은 사람이 절대 섞이지 않도록 하여야 한다.

승객 및 휴대물품은 금속탐지기(문형/휴대용), X-ray검색장비, 폭발물탐지기 등을 사용하여 보안검색을 하여야 하며 보안검색 간소화 또는 정밀검색을 최소화하기 위해서는 보안검색장비를 사용하는 것이 매우 효율적이다.

항공보안법 제15조에서 "항공기에 탑승하는 사람은 신체, 휴대물품 및 위탁수하물에 대한 보안검색을 받아야 한다."라고 명시되어 있기 때문에 보안검색을 거부하는 경우에는 항공기에 탑승할 수 없고 이 사실을 국토교통부와 보안관련기관에 즉시 통보하여야 한다.

2. 공항 보안검색 운영방식

공항에서 보안검색 운영방식에는 중앙집중식(Concourse) 검색방식과 대기지역(Holding Area) 검색방식 탑승구 검색방식(Boarding Gate) 등이 있다. 세계적으로 국가 및 공·항만의 여건에 따라 여러가지 검색방법을 사용하고 있고 이는 각기 장·단점을 가지고 있다. 현재 인천공제공항 등 우리나라 공항에서는 중앙집중식 검색방식을 택하고 있으며 이는 여객이 가장 많이 선호하고 보안검색시 운용요원과 장비를 최소화하는 장점을 가지고 있다.

(1) 중앙집중식(Concourse) 검색방식

현재까지 공·항만에서 가장 많이 택한 방식으로 중앙집중식으로 보안검색을 수행함에 따라 인력을 최소한으로 운영할 수 있으며 보안검색에 더 많은 시간을 할애할 수 있다. 보안검색장비를 집중배치함에 따라 수량을 최적화할 수 있으며 CCTV, 물리적 장벽, 통신시스템 등도 설치 수량을 최소화 할 수 있어 비용절감 효과가 가장 크다. 또한 보안검색대와 탑승구 간의 충분한 거리를 확보할 수 있어 무단 침입이 발생하더라도 사전에 비상대응이 가능하기 때문에 항공기나 선박내로 불법침입을 차단할 수 있다. 다만 보안검색이 완료된 승객과 보호구역내 상주직원과의 상시 접촉을 통해 테러물품이 전달될 수 있기 때문에 상주직원 및 보호구역내 반입되는 모든 물품을 완벽하게 차단하기 위한 보안검색이 24시간 지속되어야 하며, 보호구역내 보완성이 확보되기 위해서 지속적인 순찰과 감시가 필요하다.

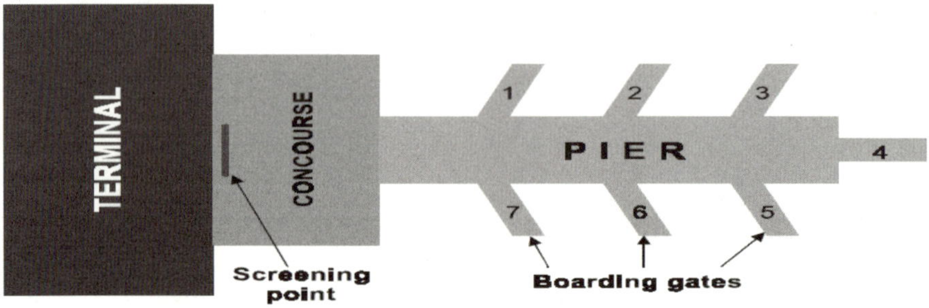

(2) 대기지역(Holding Area) 검색방식

특정항공기 탑승을 위해 해당승객을 게이트 전면에 별도의 통제공간을 확보하고 출입문에서 실시한다. 대기지역은 다른 지역과 보안장벽 등으로 차단하여 보안성을 유지해야 한하며 사용하지 않을 경우에는 출입을 통제하고 안전을 확보하여야 한다. 승객이 대기지역 출입구에 도착하면 보안검색을 하고 대기공간에 머물고 있다가 항공기 탑승시간에 탑승구를 통해 탑승한다.

대기지역 검색방식은 항공기 탑승시간 전에 인력을 배치하여 운영함에 따라 탄력적으로 보안인력 운영이 가능하나 승객검색에 많은 시간이 소비될 수 있다. 중앙집중식 검색방식에 비해 다른 항공기 이용승객 또는 상주직원과의 접촉이 최소화되기 때문에 보안상 매우 안전하다. 보안검색을 받는 승객이 모두 동일한 항공편을 이용하기 때문에 보안검색 시간이 오래 걸리더라도 승객 불만을 줄일 수 있으며, 보안검색 지연에 따른 빨리 보안검색을 해야 한다는 심리적 부담감을 최소화할 수 있다. 또한 위험지역 특정 항공기 또는 사전 정보에 따라 보안검색 수준을 신축적으로 조절할 수 있기 때문에 보안상 매우 효과적이다.

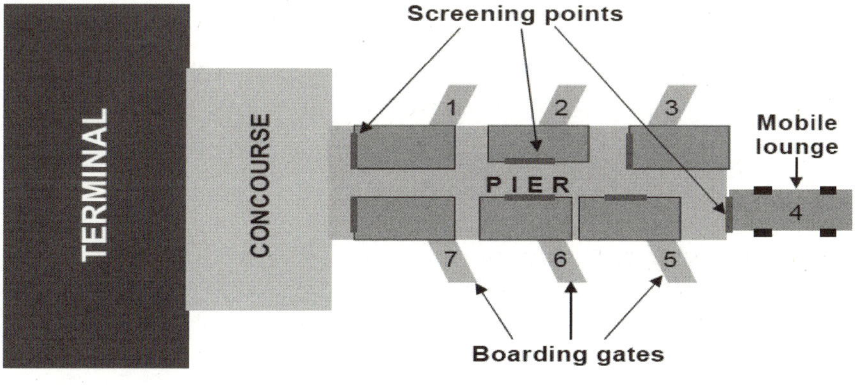

(3) 탑승구 검색방식(Departure Gate Screening)

탑승이 시작되는 시점부터 보안검색요원을 배치하기 때문에 탄력적으로 보안인력 운영은 가능하나 승객검색에 많은 시간이 소비되어 항공기 출발지연이 발생될 수 있으며 출발지연에 따라 보안검색요원의 순환배치에 큰 영향을 줄 수 있다. 출발지연을 해소하기 위해서는 많은 보안검색장비와 보안검색인력을 배치해야 하기 때문에 효율성이 매우 떨어진다. 탑승구 검색방식은 보안검색 직후에 곧바로 탑승하기 때문에 테러물품을 전달할 기회가 거의 없어 보안상 완벽하다고 할 수 있다. 대부분 소형 공·항만의 경우 이러한 방식을 이용한다.

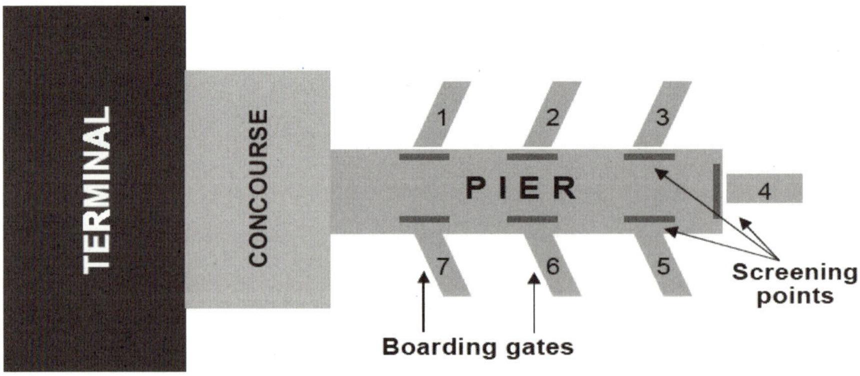

※ 상기 보안검색방식 외에도 검문소, 초소, 경호 행사장의 출입문, 박물관 및 산업시설 등의 출입문에 검색대를 설치하여 출입하는 사람, 물품, 차량 등을 보안검색하는 방식이 있다.

(4) 보안검색 완료구역 설정 및 보안조치

공항운영자는 보안검색 완료구역을 설정하는 경우 다음의 조치를 하여야 한다.

1) 출입구는 시건장치 또는 기타 출입통제 장치 설치

2) 보안검색을 받은 사람이 보안검색을 받지 않은 사람의 물품을 받을 수 없도록 적절한 보안성 유지
3) 보안검색 완료구역으로 진입하거나 다시 진입하고자 하는 경우에는 반드시 보안검색 실시
4) 보안검색 완료구역을 설정하기 전에 철저한 보안점검실시

보안통제가 실시되지 아니한 항공기가 출발한 사실을 인지할 경우에는 즉시 공항운영자 또는 해당 항공운송사업자에게 그 사실을 통보하고, 통보받은 자는 도착 공항의 보안관련기관에 세부 내용을 즉시 통보하여야 한다.

외국적 항공운송사업자 또는 공항당국으로부터 보안통제가 실시되지 아니한 항공기가 출발하였다는 사실을 통보받은 자는 공항운영자·해당 항공운송사업자에게 그 사실을 통보하고, 통보받은 공항운영자·해당 항공운송사업자는 해당 항공기를 격리주기장으로 유도하여 추가 보안통제를 받도록 조치하여야 한다.

공항운영자 · 항공운송사업자는 비인가자가 보호구역 내에서 발견되었거나 항공기에 탑승한 경우에는 해당 지역 및 항공기에 대하여 반드시 수색을 실시하여야 한다.

(5) 보안검색대 설치기준

승객 및 휴대물품에 대한 보안검색대를 설치하는 경우에는 보안검색으로 인한 정체를 최소화할 수 있는 공간을 확보하여야 하고, 항공기 및 공항 무선장비 운영에 영향을 미치지 않는 장소에 설치하여야 한다.

보안검색대에 승객의 휴대물품을 개봉하여 검색할 수 있는 개봉 검색대를 설치하여야 하며 비상상황 발생시 보안상황실 또는 경찰 등과 연락할 수 있는 비상벨·전화기, 그 밖의 통신수단을 보안검색대에 설치하여야 한다.

보안검색대에는 국토교통부장관이 고시한 「항공기 내 반입금지 위해물품」 목록과 보안검색 업무수행에 필요한 업무절차서 등을 비치하여야 한다.

승객 및 위탁수하물 검색구역 별로 보안검색감독자를 배치하여야 하며, 보안검색 감독자는 검색과정에서 발생되는 승객위험분석이나 문제되는 보안사항에 대하여 보안검색요원에게 필요한 지침을 제공하여야 한다.

(6) 보안검색 인원배치 및 교육

보안검색대에는 적정 인원의 보안검색요원을 배치하여 다음 업무를 수행하여야 한다.

1) 승객 안내 및 휴대물품 엑스선 검색대 투입 유도
2) 문형금속 탐지기를 통한 신체 보안검색
3) 휴대용 금속탐지기를 이용한 정밀검색
4) 엑스선 검색장비 화면 판독
5) 의심이 가는 물품에 대한 촉수검색 또는 개봉검색
6) 폭발물탐지기를 이용한 검색
7) 보안검색장비 정상 작동여부 수시 확인
8) 보안검색 완료구역에 대한 보안 통제

보안검색요원을 교대로 근무시켜야 하며 다만, 항공기 운항시간이 6시간 미만이거나 1일 평균 10대 미만의 항공기가 운항하는 공항에서는 공항운영자가 보안검색요원 근무형태를 별도로 정할 수 있다.

X-ray검색장비의 판독업무를 담당하는 보안검색요원은 20분 이상 연속하여 판독업무 수행하게 하여서는 아니되며, 최소 40분정도 다른 업무를 수행하게 한 후에 다시 판독업무를 수행하게 하여야 한다. 다만, 상주직원 등 승객이외의 사람에 대한 휴대물품 판독업무를 수행하는 경

우에는 출퇴근 시간 등 검색 집중시간대 이외에 X-ray 검색업무 최소 운영시간을 달리 규정하여 운영할 수 있다.

공항운영자·항공운송사업자는 국토교통부장관이 정한 교육과정을 모두 이수한 보안검색요원으로 하여금 보안검색 업무를 담당하게 하여야 한다.

3. 보안검색지역 운영지침

승객과 휴대물품에 대한 보안검색은 항공보안에 있어서 매우 중요한 업무 중에 하나이다. 승객 검색을 위해서는 촉수검색, 문형금속탐지기와 휴대용금속탐지기를 사용하며, 다음의 그림은 X-ray검색장비를 이용한 승객의 보안검색 처리절차와 흐름동선을 나타낸 것이다.

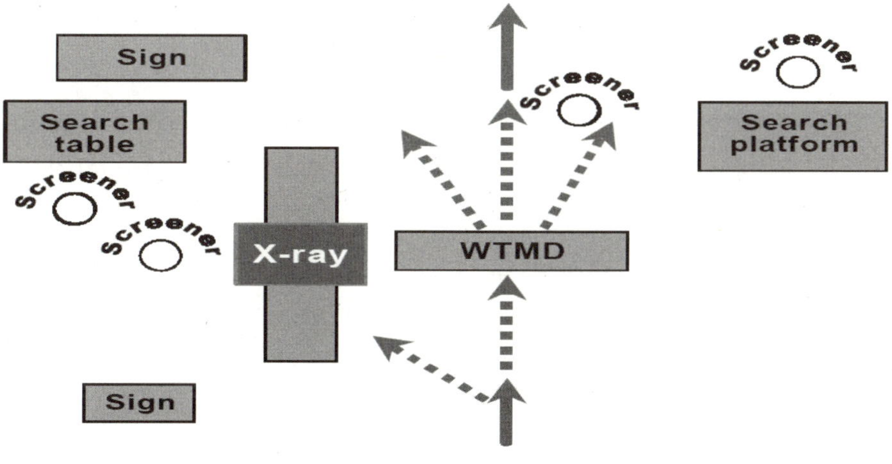

〈그림 : 승객 및 휴대물품 보안검색을 위한 흐름동선〉

보안검색대 전면에는 보안검색에 관하여 다음과 같이 안내사이니지를 승객이 잘 보이는 곳에 설치하여야 한다.

(1) 항공기에 무기 등 위해물품을 은닉하고 탑승하는 것은 범죄행위에 해당
(2) 관계 법령에 따라 보안검색대를 통과하는 사람 및 휴대물품에 대해 보안검색 실시
(3) 보안검색을 거부하는 경우 보안검색대 통과 불가 및 항공기 탑승 거부
(4) 엑스선 검색기로 검색하면 손상 또는 변질의 우려가 있는 의료·과학용 필름 및 국토교통부장관의 허가를 받은 물품에 대해 승객이 요구하는 경우에는 엑스선 검색을 받지 않고 개봉검색을 하거나, 증명서류 확인 및 폭발물 흔적탐지장비로 검색 가능

4. 보안검색시 유의사항

승객 및 휴대물품을 검색하기 위해 사용되는 보안검색장비는 제한이 있다. 문형금속탐지기와 휴대용금속탐지기는 비금속 도검류 또는 폭발물을 탐지하지 못한다. 재래식 X-ray검색장비도 폭발물 탐지가 어렵다. 이러한 제한사항을 보완하기 위해서 보안검색 장비이외에 무작위 선별 촉수검색을 실시하고 있다.

X-ray검색장비를 사용하여 휴대물품을 검색할 때에는 기내 반입이 금지된 물품을 몰래 숨겨 반입할 것에 대비하여 X-ray이미지 판독을 꼼꼼하게 하여야 하며, 만약 판독이 어려울 경우에는 반드시 개장검사를 통해 해당물품을 육안으로 직접 확인하여야 한다.

보안검색을 받는 사람이 과도하게 긴장하거나, 보안요원의 눈을 의도적으로 피하거나, 거만하게 행동하거나, 보안검색을 회피하려는 행동 등을 할 경우에는 보안검색장비이외에 촉수검색과 개장검사를 실시하여야 한다.

만약 보안검색을 통해 하나의 반입금지물품 등이 발견될 경우에는 보안검색을 중단하지 말고 승객 신체 또는 휴대물품 등에 또다른 금지물품을 은닉했는지를 확인하기 위하여 정밀검색을 실시하여야 한다.
의심승객의 경우 보안검색을 통해서 금지물품이 적발되지 않은 경우 또는 정밀 신체검색이 필요하다고 판단될 경우에는 인근 정밀 개장검사실로 안내하여 면밀하게 촉수검색 또는 육안확인검색 등을 하여야 하며, 이때 도주 또는 불법행위를 대비하여 최소 2명이상 보안요원이 근접 동행하여야 한다. 이를 위해 보안검색대 인근에 최소 3명이상이 들어가서 정밀검색을 할 수 있는 크기의 별도의 방을 확보 운영하여야 한다.

제3절 승객 및 휴대물품 보안검색

1. 승객 보안검색

(1) 승객 신원확인

1) 항공사 발권시 신원확인

항공운송사업자는 다음과 같은 방법으로 승객의 신원을 확인하여야 한다.

가. 항공사 발권카운터에서 탑승권을 발급하는 경우 승객이 제시하는 여권 또는 국가기관 등에서 발행한 사진이 부착된(17세 미만의 청소년 등은 건강보험증 등으로 신원확인 가능) 신분증·증명서와 해당 승객이 일치하는지를 확인

나. 무인탑승권 발급기기 등을 통하여 탑승권을 발급하는 경우 전자적

인 방법으로 확인

다. 국제선인 경우는 항공기 탑승구 앞에서 여권과 탑승권을 대조하여 확인하여야 하고, 국내선인 경우는 탑승구 앞에서 탑승권으로 유효한 승객임을 확인

라. 항공기에 탑승하기 바로 전에 승객의 탑승권으로 유효한 승객임을 확인

2) 보안검색대 진입 전 신분확인

승객 또는 상주직원 등이 일반구역에서 보안검색지역으로 진입하기 전에 출입을 통제할 수 있는 보안장벽 또는 물리적 보안시설을 설치하여 명확히 구분하여야 하며, 보안검색지역으로 출입하기 전에 다음과 같은 신분증 또는 출입증을 확인한 후 출입하게 하여야 한다.

가. 국가기관 등에서 발행한 사진이 부착된 신분증 및 장애인복지카드 · 국가유공자증 등 증명서 또는 여권 등 해당 국가에서 신분을 보증하는 문서·외국인카드·선원신분증명서·국제연합(UN) 통행허가증 등 적법한 여행서류(다만, 체약국에서 발행한 운전면허증 등을 소지한 경우에는 반드시 여권 사본도 함께 제출)와 항공사에서 발행한 탑승객 이름이 기록된 탑승권을 소지한 승객(전자적인 방법으로 확인하는 경우도 같다)

나. 항공기 운항을 목적으로 해당 항공사 제복을 착용하고 신분증(사원증 또는 승무원 등록증)을 패용한 항공사 승무원. 다만, 신분증 분실 등의 경우에는 재직증명서와 국가에서 발행한 신분증을 함께 제시

다. 공항운영자가 발행한 보호구역 출입증(이하 "출입증"이라 한다)을 소지한 사람. 다만, 항공기 사고·테러·인명구조 등 긴급 상황시 사전 출입조치에 따라 한시적으로 출입증을 소지하지 않은 사람과 차량을 출입시킬 수 있으며, 세부사항은 공항운영자가 정함

라. 항공기 운항 중 수행하는 항공보안 노선점검과 조종실 관찰 좌석에서의 항공안전감독 또는 운항자격심사 목적에 한하여 해당분야 감독관 · 심사관증을 소지하고, 국토교통부장관이 발행한 항공기 출입요구서를 소지한 공무원

마. 보호자와 동행하지 않는 만12세 이하의 소아로서 항공사에서 발행한 탑승객 이름이 기재된 탑승권과 항공운송사업자가 인솔하는 승객

바. 만13세에서 17세 미만까지 청소년으로서 국가기관 등에서 발행하는 건강보험증, 청소년증, 국가자격증 등 신분증 또는 증명서와 항공사에서 발행한 탑승객 이름이 기재된 탑승권을 소지한 승객

탑승객의 경우에는 항공사에서 발행한 탑승객 이름이 기록된 탑승권을 소지한 승객 또는 정보화기기와 여권을 통해 전자적인 신분확인이 완료된 출국예정 승객임을 확인한 후 진입하도록 하여야 한다.

출국 보안검색지역에 진입한 승객은 신체검색을 하기 전에 탑승권을 다시한번 확인하는 절차를 거치게 되는데 이는 재차 확인하는 단계를 통해 오류를 최소화하기 위함이며, 향후 보안문제가 발생될 경우 해당 승객이 어느 보안검색을 이용했는지 정확히 확인이 가능하기 때문이다.

2. 승객 신체 보안검색

(1) 승객 신체검색 (1차검색)

승객이 소지한 전자제품·두꺼운 외투·소지품 등은 X-ray검색장비 또는 폭발물탐지기 등을 이용하여 검색하여야 한다. 보안검색완료지역으로 진입할 때 모든 승객에 대하여 문형금속탐지기를 이용한 보안검색을 실시하고, 휴대물품 등은 X-ray검색장비로 보안검색을 실시하여야 하며, 필요시 폭발물탐지기 또는 액체폭발물탐지기 등 항공보안장비를

사용하여 추가 보안검색을 실시할 수 있다.

보안검색 승객으로 하여금 문형금속탐지기를 통과하기 전에 승객 신체검색을 신속하고 원활히 하기 위해서는 승객이 소지한 모든 소지품을 준비된 바구니에 꺼내 놓도록 하는 것이 매우 중요하다. 소지품에는 지갑, 열쇠뭉치, 휴대폰, 라이타 등 다양한 금속물질이 포함되어 있기 때문에 해당 물품을 꺼내지 않고 문형금속탐지기 또는 휴대용금속탐지기로 검색할 때 경보음이 발생되어 검색하는데 많은 시간과 승객의 불편이 따르기 때문이다. 보안검색대 입구에서 안내하는 보안요원의 역할이 매우 중요하다고 할 수 있다.

(2) 승객신체 정밀 보안검색 (2차검색)

문형금속탐지기로 검색한 승객중에 다음의 경우에는 휴대용 금속탐지기를 이용하여 정밀검색을 실시하여야 한다.

1) 문형금속탐지기에서 경보가 발생된 상황에서 해당부위 및 기타 의심스러운 신체 취약부위가 있는 경우
2) 추가 검색이 필요하다고 판단된 경우
3) 문형금속탐지기가 작동하지 않거나 사용할 수 없을 경우

문형금속탐지기를 통과할 때 경보음이 발생한 승객은 휴대용금속탐지기로 정밀검색을 받게 되며 경보음이 발생된 해당 부위의 물품을 꺼내서 육안으로 확인하여야 하며 경보음이 울리지 않을 때 까지 경보음 발생부위를 재차 검색하여야 한다. 승객의 신체 검색시 가능한 동일한 성(姓)을 가진 항공보안검색요원이 검색을 해야 하며 남자승객은 남자보안요원이, 여자승객은 여자보안요원이 검색을 실시하여 인권 침해소지를 최소화하여야 하고, 부득이 하게 남자보안요원이 부족할 경우에는 여자보안요원이 남자승객에 대해 정밀검색을 수행할 수 있지만 여성승객은 반드시 여자보안요원이 검색하도록 하여야 한다.

(3) 개별검색실 정밀 보안검색 (3차검색)

보안검색과정에서 다음 승객에 대하여 지정된 보안검색 장소 이외의 별도 장소에서 촉수검색 등 개별검색을 실시할 수 있으며 이를 위해 사전에 개별검색을 할 수 있는 별도의 방을 확보하여야 한다.

1) 승객이 개별검색을 요청하는 경우
2) 의료보조장치를 착용한 장애인·임산부 또는 중환자
3) 일반검색 절차로 적절한 검색을 할 수 없다고 항공보안검색요원이 판단한 경우
4) 승객이 문형금속탐지기 통과 도중 경보가 울렸으나 그 원인을 정확히 파악할 수 없는 경우

보안검색요원은 승객에 대한 개별검색을 실시하는 경우에는 다음 사항을 필히 준수하여야 한다.

1) 반드시 승객의 동의를 받을 것
2) 폐쇄된 독립 공간에서 실시할 것(의료 보조장치를 착용한 장애인·임산부 또는 중환자의 경우는 예외)
3) 승객의 인격을 침해할 수 있는 언행을 하지 말 것
4) 승객과 동일한 성을 가진 보안검색요원 2명이 실시할 것
5) 개별검색 완료 후 협조에 대하여 감사표시를 할 것

승객 및 휴대물품에 대한 무작위 개봉검색·촉수검색·폭발물탐지기 검색을 최소한 10% 이상 실시하여야 하며, 무작위 검색비율은 「(대외비) 국가항공보안 우발계획」에서 정한 항공보안 등급에 따라 실시하여야 한다.

3. 휴대물품 보안검색

(1) X-ray장비를 이용한 보안검색

승객소지품과 휴대물품은 X-ray검색장비에 올려놓아야 하며 X-ray판독이 용이하도록 이미지 투사가 많이 될 수 있도록 가방을 올려놓아야 하며 안내하는 보안요원은 신속하고 정확하게 안내하고 조치하여야 한다.

X-ray판독요원은 X-ray투사이미지를 판독하여 위해물품 등 기내반입금지물품을 탐지하여야 하며 만약 위해물품 등 기내반입금지물품, 의심스러운 물건, X-ray판독이 불가능한 물품을 발견한 경우에는 즉시 개봉검사를 하도록 조치하여야 한다.

X-ray판독요원은 해당 물품이 개봉검사가 필요한 경우에는 개봉검사를 수행하는 보안검색요원에게 개봉검사가 필요한 이유를 정확하게 전달하여야 하며, 개봉검사 절차에 따라 빠짐없이 검사를 실시하여야 한다.

(2) 폭발물 탐지기를 이용한 보안검색

수상한 승객의 휴대물품에 대하여는 폭발물탐지기 등을 이용하여 보안검색을 실시하여야 한다.

보안검색요원은 다음의 경우에는 개봉검색·촉수검색 및 폭발물탐지기를 이용한 검색을 실시하여야 한다. 다만, 개봉 및 촉수검색의 경우에는 물품 주인이 입회하거나 해당 항공사 직원이 대리인 자격으로 입회하에 실시하여야 한다.

1) 수상한 승객 및 휴대물품, 다음 사항을 포함한 위해물품 또는 수상한 물품이 발견된 경우

가. 폭발물 이외의 위해물품이 엑스선 검색장비 화면에 발견된 경우

나. 가방에 있는 물품의 안전성이 의심되는 경우

다. 가방에 있는 물품의 식별이 되지 않은 경우

2) 보안검색장비가 없거나 작동하지 않은 경우에는 모든 승객 및 휴대물품
3) 배터리로 작동되는 의심 전자제품
4) 그 밖에 보안검색감독자가 촉수검색이 필요하다고 판단한 경우

보안검색요원은 다음의 경우에는 반드시 개봉검색, X-ray검색장비 검색, 폭발물탐지기 검색 등을 실시하여 해당 물품의 위험 여부를 필히 확인하여야 한다.

1) 비정상적으로 무거운 가방이나 기타 물건
2) 가방이나 용기의 외형이 변형되었을 경우
3) 무기류나 폭발물을 은폐할 수 있는 전자제품 또는 기계장치
4) 그 밖에 의심이 가는 물품 등

4. 통과 및 환승승객 보안검색

공항운영자는 통과·환승 승객과 휴대물품, 위탁수하물에 대하여 항공기 탑승 또는 탑재 전에 보안검색을 실시하여야 하며 위해물품이 항공기내로 반입되는 것을 차단하기 위하여 통과·환승 승객에 대한 보안대책을 수립하여 시행하여야 한다.

5. 승무원, 공항직원, 그 밖에 승객이 아닌 사람 보안검색

공항운영자는 보안검색 완료구역으로 들어가는 승무원, 공항 보호구역 출입증을 소지한 공항직원, 그 밖에 보호구역 진입을 허가를 받은 사람 및 이들의 휴대물품에 대하여도 일반승객과 동일한 방법으로 보안검색을 하여야 한다.

6. 보안검색 면제 및 특별보안검색

(1) 보안검색 면제

공무로 국외여행을 하는 국가원수 또는 국제협약 등에 따라 보안검색을 면제받도록 되어 있는 사람은 보안검색을 면제할 수 있다. 적법한 요건을 갖춘 외교행낭에 대해서는 개봉검색을 하여서는 아니되며 개봉검색에 대한 제외 요건과 해당 국가 공관의 증명서를 갖춘 외교행낭에 대해서는 보안검색을 면제할 수 있다.

항공보안법 제15조(보안검색의 면제)에 따라 다음에 해당되는 사람(휴대물품 포함)은 보안검색을 면제할 수 있다.

1) 공무로 여행을 하는 대통령(대통령당선인과 대통령권한대행을 포함한다)과 외국의 국가원수 및 그 배우자
2) 국제협약 등에 따라 보안검색을 면제받도록 되어있는 사람
3) 국내공항에서 출발하여 다른 국내공항에 도착한 후 국제선 항공기로 환승하려는 경우로서 다음 각 목의 요건을 모두 갖춘 승객 및 승무원
   가. 출발하는 국내공항에서 법 제15조제1항에 따른 보안검색을 완료하고 국내선 항공기에 탑승하였을 것
   나. 국제선 항공기로 환승하기 전까지 보안검색이 완료된 구역을 벗어나지 아니할 것

또한 다음의 외교행낭에 대해서는 항공보안법 제15조에 따라 보안검색을 면제할 수 있다.

1) 항공보안법 시행령 제13조제2항 각 호의 요건을 모두 갖출 것
   가. 외교행낭은 외교신서사(외교신서사)의 신분을 증명할 수 있는 공문서 및 외교행낭의 수를 표시한 공문서를 소지한 사람과 함께 운송될 것

나. 외교행낭의 외부에 외교행낭임을 알아볼 수 있는 표지와 국가표시가 있을 것

2) 불법방해행위를 하는 데에 사용할 수 있는 무기 또는 폭발물 등 위험성이 있는 물건들이 없다는 것을 증명하는 해당 국가 공관의 증명서를 국토교통부장관이 인증할 것

다음 요건을 모두 갖춘 위탁수하물을 환적하는 경우에는 항공보안법 제15조에 따라 보안검색을 면제할 수 있다.

1) 출발 공항에서 탑재 직전에 적절한 수준으로 보안검색이 이루어질 것
2) 출발 공항에서 탑재된 후에 환승 공항에 도착할 때까지 계속해서 외부의 비인가 접촉으로부터 보호받을 것
3) 국토교통부장관이 제1호 및 제2호의 사항을 확인하기 위하여 출발 공항의 보안통제 실태를 직접 확인하고 해당 국가와 협약을 체결할 것

(2) 특별 보안검색방법

다음의 경우에는 개봉검색 또는 증명서류 확인 및 폭발물흔적탐지장비에 의한 방법으로 보안검색을 할 수 있으며 근무 현황 · 위해물품 적발 상황 · 정밀검색 실시내용 등에 대해 기록을 유지하여야 한다.

1) 골수 · 혈액 등 인명 구조용 의료품
2) 유골 · 유해
3) 이식용 장기
4) 살아있는 동물
5) 의료용, 과학용 필름
6) 그 밖에 검색장비 등에 의하여 보안검색을 하는 경우 본래의 형질이 손상되거나 변질될 수 있는 것으로 지방항공청장의 허가를 받은

물품

또한 항공운송사업자는 체약국의 요구가 있거나 필요하다고 판단되는 경우에는 탑승 수속 전 또는 탑승구 앞에서 추가적인 보안검색을 실시할 수 있다.

공항운영자는 승객·휴대물품의 촉수검색과 개봉검색에 대한 절차 및 책임 등에 관한 구체적인 사항을 수립하여 시행하여야 한다.

(3) 보안통제 문제발생시 조치

통과 및 환승 승객을 포함하여 보안검색을 받은 승객과 받지 않은 승객 간의 접촉이 발생하지 않도록 하여야 하며, 접촉이 발생하였을 경우 다음의 조치를 하여야 한다.

1) 보안검색 완료지역 일시 폐쇄 등의 보안통제 후 전면 보안점검 실시
2) 모든 승객 및 휴대물품에 대한 보안검색 재실시

항공운송사업자는 보안검색을 통과한 지역에서 보안검색을 받은 승객과 받지 않은 승객 간의 접촉이 발생한 후 승객이 항공기에 출입하였을 경우 해당 항공기 내·외부에 대한 정밀검색을 실시하여야 한다.

(4) 기내반입금지물품 등 조치 및 처리절차

1) 기내반입금지물품 발견시 조치 및 처리절차

보안검색요원은 보안검색과정에서 「항공기 내 반입금지 위해물품」을 발견한 경우에는 승객에게 위탁수하물 처리 또는 운송 포기를 요구할 수 있으며, 처리 또는 포기를 거부할 경우에는 보안검색감독자에게 통보하여 조치하여야 하고, 승객이 운송을 포기한 물품은 절차에 따라 처리하여야 한다.

보안검색 과정에서 발생하는 포기물품은 공항운영자(검색업체)가 안전

하고 투명한 절차에 따라 처리하여야 한다.

포기물품은 보안검색업체 별로 매일 수거하여 창고에 일시 보관한 후 매월 또는 수시로 복지시설 · 공익단체 등에 기증하거나 폐기하여야 한다.

① 기증물품: 사회복지단체 등에서 재활용이 가능한 물건 등

② 폐기물품: 화학물질 등 유해한 물질 등

검색업체가 포기물품을 처리하는 경우에는 포기물품의 기증 또는 폐기 처리 결과를 공항운영자에게 제출하여야 하며, 기증내역 및 현황에 관한 기록을 유지하여야 한다.

2) 기내반입금지물품 발견시 회수절차

출국장에서 보안검색과정에서 적발된 기내 반입금지 위해물품은 환송객에게 인계하거나 위탁수하물(인화성 물질 등은 제외)로 처리할 수 있음을 안내하여야 한다.

승객 사정으로 환송객 인계 또는 위탁수하물 등의 방법으로 처리할 수 없는 경우 폐기함에 버릴 수도 있음을 안내하고 승객이 해당 물품을 폐기함에 넣을 경우에 해당 물품이 사회복지단체 등에 기증되거나 폐기됨을 알려야 한다.

환승장 보안검색과정에서 적발된 포기물품 중에 도검류 · 공구류 등은 위탁수하물로 처리하도록 안내하며, 해당 항공사에 연락하여 해당물품을 인계하되 인화성 물질 등은 회수한 후 폐기하여야 하며 해당 승객이 안내에 협조하지 않을 경우에는 항공사에 연락하여 승객을 인계하여야 한다.

3) 포기물품 보관 · 폐기 · 기증 절차

보안검색요원은 당일 수거한 포기물품의 종류 · 수량 등에 대해 보안검색감독자의 확인을 받고 일지에 기록하여야 한다.

보안검색요원은 수거한 포기물품을 검색업체의 보관창고로 운반하여 종류별로 분류 · 보관하여야 하며 인화성물질 · 화학물질 등은 일반물품과 분리하여 안전하게 보관하여야 한다.

창고에 보관된 포기물품을 반출할 경우 검색업체는 반출증을 작성하여 보안검색감독자의 확인을 받아야 한다.

검색업체에서 포기물품을 기증할 경우에는 공익성 · 신뢰성 · 공정성 등을 종합적으로 판단하여 포기물품을 기증받고자 하는 곳을 선정하여야 한다. 복지시설 · 공익단체 · 군부대 · 학교 등에 기증할 수 있으나, 기증받는 기관을 최초로 선정하는 경우에는 공항운영자에게 사전 통보하여야 하며 기증받는 기관이 선정되면 기증요청 문서를 접수받아야 한다. 기증한 후에는 기증물품의 종류 및 수량, 기증 일시 및 장소 등이 포함된 인수서를 받아야 하고 기증결과를 공항운영자에게 통보하여야 한다.

검색업체에서 포기물품을 폐기할 경우에는 화학물질 · 인화성물질 등 유해한 폐기물품은 별도 분류하여 안전하게 포장 · 보관하여야 하며 인가된 폐기물 처리 소각시설을 선정하여 처리한 후 그 결과를 공항운영자에게 통보하여야 한다.

4) 위해물품 처리절차

보안검색요원 또는 항공보안검색감독자는 승객이 포기하지 않은 「항공기 내 반입금지 위해물품」중 위탁수하물로 처리가 가능한 물품에 대하여는 위탁수하물로 운송할 수 있도록 승객에게 안내하여야 한다.

보안검색감독자는 보안검색요원이 보안검색과정에서 총기 · 폭발물, 기타 불법적인 무기 등 안보위해물품을 발견하였을 경우에는 적절한 조치를 취한 후 해당 공항 상주 보안기관에 즉시 통보하여야 한다. 신분이 확인된 군인 및 군무원이 안보위해물품을 소지한 경우에는 공항에 상주하고 있는 군 정보수사기관에 통보하여야 한다.

5) 안보위해물품 처리방안

보안검색과정에서 안보위해물품이 발견될 경우에는 보안상황실로 즉시 신고하여야 하며, 폭발물처리반(EOD)을 포함한 공항 관계기관 합동조사를 실시하고 그 결과에 따라 회수된 안보위해물품을 안전하게 처리하여야 한다.

인수 또는 압수된 안보위해물품을 처리하는 경우에는 기록을 유지하고, 경찰 등 관계기관에 통보하여야 한다.

출입국장 또는 환승장 등에서 발견된 안보위해물품은 공항 관계기관 합동조사 결과에 따라 승객이 포기한 물품을 인수하며 공항내에서 발견되거나 신고된 안보위해물품은 해당 책임자와 인수·인계를 실시한다.

폭발물처리반(EOD)은 보안검색과정에서 적발된 안보위해물품을 안전하고 투명한 절차에 따라 처리하여야 하며 공항 관계기관 합동조사 결과 폭발물처리반(EOD)에서 보관하도록 결정된 안보위해물품과 승객이 포기한 안보위해물품은 사무실내 2중 시건장치가 설치된 곳에 안전하게 보관하여야 한다.

폭발물처리반(EOD)은 보관중인 안보위해물품을 정기적으로 군 폭발물처리반·관할 지방경찰서 또는 공항경찰대에 인계하여야 하며 신속한 처리가 요구되는 경우는 즉시 인계한다.

보관중인 안보위해물품중 보안검색 및 경비교육에 활용할 가치가 있다고 판단되는 물품에 대해 안전(비활성화 등)한 조치를 취한 후 보안교육기관에 인계할 수 있다.

제4절 위탁수하물 보안검색

1. 위탁수하물 접수 및 보안검색

항공운송사업자는 다음에 해당하는 경우에만 위탁수하물을 접수할 수 있다.

1) 공항 내에 위치한 항공사 탑승수속대 또는 국토교통부장관이 인정한 도심공항터미널에서 탑승 수속하는 경우
2) 탑승 수속 시 탑승예정 승객에 대하여 탑승권, 여권 또는 승객사진이 있는 신분증명서와 승객을 대조하여 이상이 없는 경우 또는 무인기기를 이용할 경우에는 여권 등을 이용한 전자적인 방법으로 신원확인을 대체할 수 있다. 다만 공항운영자는 위탁수하물 무인접수기기 주변에 감시 사각지역이 발생하지 않도록 CCTV 등 감시시스템을 설치하고 상시 감시하여야 한다.
3) 위탁수하물 접수시 각 소지자에 대하여 위탁수하물 포장·보관 등에 대한 보안질문(전자적인 방법 포함)을 하여 이상이 없는 경우
4) 의심스러운 승객 또는 그 내용물을 알려주지 않는 승객의 위탁수하물에 대해 개봉검색 등 보안통제를 실시한 경우
5) 승객이 직접 위탁수하물의 운송을 접수하는 경우(중환자·장애인 등 승객이 혼자서 접수할 수 없는 경우는 제외)
6) 불가피한 상황이 발생하여 국토교통부장관이 대리수속이 필요하다고 인정하는 경우

항공운송사업자는 의심 승객 선별기법을 도입하여 위탁수하물 접수시 해당여부를 확인하여야 하며, 의심 승객의 위탁수하물에 대하여는 공항운영자에게 의뢰하여 정밀검색(폭발물탐지장비 또는 폭발물흔적탐지장비 이용검색, 개봉검색 등)을 실시하여야 한다.

공항운영자는 모든 승객의 위탁수하물에 대하여 항공기 탑재 전에 X-ray검색장비를 사용하여 보안검색을 하여야 한다.

공항운영자는 항공보안검색요원이 위탁수하물에 대한 X-ray 검색장비 판독업무를 매 시간당 20분을 초과하게 해서는 아니 된다. 다만, 의심 위해물품 자동표출기능이 추가된 X-ray 검색장비로 판독업무를 수행하는 경우에는 매 시간당 45분까지 판독업무를 허용할 수 있다.

2. 도심터미널 위탁수하물 보안검색

도심공항터미널운영자는 다음의 요건을 충족하는 경우에만 위탁수하물을 공항으로 운송할 수 있다.

1) 모든 위탁수하물에 대해 보안검색을 실시한 경우
2) 승객과 위탁수하물의 일치 절차를 수행한 경우

공항운영자는 도심공항터미널에서 이송된 위탁수하물에 대하여 재검색을 실시하여야 한다.

공항운영자는 다음 어느 하나에 해당하는 경우에는 위탁수하물을 개봉하여 그 내용물을 검색하여야 한다. 이 경우 폭발물이 있다고 의심되는 때에는 폭발물 탐지장비 또는 폭발물 흔적탐지장비를 사용하여 보안검색을 하여야 한다.

1) 검색장비 등이 정상적으로 작동하지 아니한 경우
2) 무기류 또는 위해물품이 숨겨져 있다고 의심되는 경우
3) 엑스선 검색장비에 의한 검색결과 그 내용물을 판독할 수 없는 경우
4) 항공보안에 위협이 증가하는 등 특별한 사유가 발생한 경우
5) 엑스선 검색장비로 보안검색을 할 수 없는 크기의 단일 위탁수하물인 경우

3. 위탁수하물 보호대책

항공운송사업자는 다음과 같이 위탁수하물을 보호하여야 한다.

(1) 승객으로부터 접수된 위탁수하물이 도착지에서 승객에게 반환되거나 다른 항공사에 전달되기 전까지 위탁수하물을 비인가자로부터 보호

(2) 도심공항터미널에서 이송된 위탁수하물은 재검색이 완료된 시점부터 항공기에 탑재되기 전까지 보호

(3) 보안검색이 완료된 위탁수하물의 보호구역 내 운송 처리지역에 대한 비인가자 출입 통제

(4) 위탁수하물을 탑재 및 하기하는 사람은 컨베이어 벨트·차량 등 운송도구를 통하여 비인가 위탁수하물이 섞여 들어오지 않도록 하고, 위탁수하물이 실린 운송도구를 비인가자가 출입할 수 있는 곳에 방치 금지

(5) 보호되지 않은 위탁수하물은 반드시 재검색 후 운송 조치

공항운영자·항공운송사업자는 잘못 처리된 위탁수하물을 소유자에게 운송하기 전까지 이를 보관하기 위한 창고를 설치하거나 보안검색 완료 후 별도의 장소에 보관하는 절차 등을 수립하여 시행하여야 한다.

4. 무주수하물 운송금지

항공운송사업자는 보안검색을 완료한 위탁수하물의 소유주가 탑승하지 않았거나 승객이 출국하지 못한 경우에는 위탁수하물을 운송하여서는 아니 된다. 다만, 승객의 귀책사유가 아닌 다음 사항을 포함한 특정 사유로 승객이 탑승하지 못한 경우에는 X-ray 검색 또는 개봉검색 등 보안조치

를 취한 후 승객으로부터 위탁수하물을 분리하여 운송할 수 있다.

1) 항공기 공간 또는 중량제한 등 항공사에 의해 해당 항공편 탑승이 거부된 경우
2) 항공편 지연·결항, 그 밖에 공항운영 요건 등 항공사의 운영상의 이유로 승객이 분리된 경우
3) 지연 또는 잘못 운송된 위탁수하물이 적절한 보안검색을 완료했을 경우

항공운송사업자는 특정 사유로 승객이 탑승하지 못한 경우와 급송 수하물 등 승객과 분리되어 운송되는 수하물에 대한 보안대책을 수립하여 시행하여야 한다.

5. 승객-수하물 일치시스템

항공운송사업자는 항공기에 탑재된 위탁수하물이 실제 탑승한 승객 및 승무원의 위탁수하물과 일치 하는지 여부를 확인한 후 서면 또는 전자적인 방식으로 운송인가를 하여야 하며, 위탁수하물의 일치 확인 및 운송인가 기록을 1개월 간 유지하여야 한다.

항공운송사업자는 승객과 위탁수하물이 일치되지 않았을 경우 적용하는 추가 보안대책을 수립하여 시행하여야 한다.

항공운송사업자는 위탁수하물의 보호 및 관리를 위하여 다음 사항을 수립하여 시행하여야 한다.

1) 승객 및 위탁수하물의 일치 확인 절차
2) 승객과 위탁수하물 일치여부 확인자의 자격기준 및 지정
3) 위탁수하물의 운송 적합 여부 결정 및 운송 인가자의 자격기준 및 지정
4) 환승승객·승무원의 위탁수하물 및 비동반 위탁수하물의 수량 확인

절차
5) 항공사 자체문서 및 승객과 같이 가지 않는 수하물에 대한 탑재 확인 및 책임자

6. 탑승거부자 위탁수하물 처리

항공운송사업자는 보안상 또는 보안검색 거부 등의 사유로 탑승이 거부된 승객의 위탁수하물을 항공기에 탑재하여서는 아니 되며 탑재된 경우에는 즉시 하기하여야 한다.
항공운송사업자는 보안상 또는 보안검색 거부 등의 사유로 탑승이 거부된 승객의 위탁수하물을 하기한 경우에는 별도의 보안통제를 하여 해당 승객에게 인계하여야 하며, 필요시 공항운영자와 협의하여 보안검색을 실시한다. 보안통제 또는 보안검색 결과 이상이 없고 해당 승객에게 인계되지 아니한 경우에는 위탁수하물 보관지역에 보관할 수 있다.
항공운송사업자는 위탁수하물의 보관 · 이동 · 탑재 과정 중에 미확인 위탁수하물을 발견한 경우 보안통제 절차에 따라 처리하여야 하며, 필요시 공항운영자와 협의하여 보안검색을 실시한다. 보안통제 또는 보안검색 결과 이상이 없는 경우 위탁수하물 보관지역에 보관할 수 있다.

7. 방치물품 처리

공항운영자는 공항 일반지역 등에 주인없이 방치되어 있는 물품에 대한 비상통보 · 처리절차 등을 수립하여 시행하여야 한다.
공항운영자는 파괴활동에 사용될 수 있는 수상한 물품, 그 밖에 위험물품 발견시 대응, 현장통제, 처리 · 보관 등의 대책을 수립하여야 한다.

제5절 신체 및 휴대물품 보안검색 절차

1. 개요

모든 보안검색요원은 승객이 보안검색과 관련하여 특정권리를 가진다는 사실을 명심하여야 한다. 이러한 권리는 보안검색 및 물품 보안검색을 거부하거나 특별한 위험이 발견되지 않을 경우 출입자나 물품에 대한 보안검색 허가를 거부할 권리를 갖는다.

만약 출입자가 보안검색을 거부할 경우 출입자와 휴대물품은 보안검색 완료구역으로 들어갈 수 없다.

출입자의 흐름을 원활하게 하기 위해서 보안관련기관이 협력하여 출입자의 동선 개선, 직원 숙련, 대기열관리, 보안검색장비확보 및 설치, 공간 등의 환경을 고려하여 보안검색이 원활하게 시행되도록 하여야 한다.

공·항만에서 승객 및 휴대물품을 철저히 보안검색하기 위하여 잘 훈련된 보안검색요원과 충분한 보안검색장비를 확보하고 보안검색을 위한 충분한 시간이 할당되어야 한다.

보안검색이 효율적인 방법으로 시행되지 않을 경우 항공기 및 선박 정시성에 악 영향을 미칠 수 있다.

2. 승객 보안검색

(1) 보안검색의 유의사항

1) 몸에는 물품을 숨길 경우 적발하기 어려운 부위가 많다 또한 상의 안감, 어깨 바대, 모자, 종교용으로 사용되는 두건, 넥타이, 주머니, 상의 옷깃, 저고리 옷깃, 허리춤, 벨트, 신발이나 부츠 끝 부분, 신발 뒤축과 같은 곳에 물품이 은익이 가능하다.

2) 물품은 사람이 일상적으로 보안검색을 받으면서 가지고 다니는 신문, 책 등 물건 속에 은닉할 수 있다.
3) 보안검색요원은 보안검색대상자가 소지한 현금이다 귀중품 뿐 아니라 비밀문서나 개인문서들은 일반인들에게 노출되지 않도록 해야 한다.
4) 출입자(승객)가 휴대금지품목 소지여부를 확인하기 위하여 보안검색요원이 세부적인 보안검색이 필요하다고 판단될 경우 개별 보안검색을 실시하여야 한다.
5) 개별 보안검색은 밀폐된 보안검색실에서 실시하되 보안검색 받는 사람과 동성(同性)으로 1명은 보안검색을 하고 1명은 보안검색을 입회하여야 한다.

(2) 문형금속탐지기 보안검색

1) 보안검색을 받는 사람이 소지하고 있는 핀, 브로치, 팔찌 등 금속물질 등 소지품을 제거하여 검색대의 바구니에 넣어 보안검색대상자가 볼 수 있는 곳에 둔다.
2) 보안검색대상자를 문형금속 탐지기를 정상적인 걸음으로 통과하도록 하되 문형금속 탐지기를 너무 빨리 통과하거나, 너무 느리게 통과 또는 비정상적인 방법으로 통과하지 않도록 하여야 한다.
3) 문형금속 탐지기 통과시 경보가 발생하지 않았을 경우에는 소지한 물품을 보안검색대상자에게 돌려주고 보안검색 완료구역으로 진입을 허가하며 경보가 발생하였을 경우에는 보안검색대상자가 소지한 금속물질이 있는지 재확인하도록 요청한 후에 앞에서와 같은 절차에 의해 보안검색을 재 실시한다.

(3) 휴대용금속탐지기 보안검색

1) 휴대용금속탐지기 사용

보안검색요원이 휴대용금속탐지기를 이용하여 정밀보안검색을 실시할 시기는 문형금속탐지기가 경보음을 울릴 때나 보안검색요원이 필요하다고 판단될 때 또는 문형금속탐지기가 작동하지 않거나 사용할 수 없을 경우이다

2) 휴대용금속탐지기 검색

보안검색업무를 수행하기 전에 휴대용금속탐지기가 금속물체를 통과시 경보가 발생하여 제대로 작동하는지 확인하여야 하며 문형금속탐지기를 이용한 검색에 방해를 주지 않는 장소에서 보안검색이 실시되어야 한다. 보안검색요원은 휴대용금속탐지기를 이용한 보안검색을 실시하기 전에 승객에게 검색협조 동의를 구하여야 한다.

보안검색을 방해되는 겉옷은 벗어 바구니에 담아 X-ray검색장비에 넣어 검색을 하거나 촉수검색으로 은닉된 위험물품 소지여부를 확인한다.

보안검색요원은 휴대용금속 탐지기를 사용하여 검색시에는 보안검색대상자를 정면으로 서서 팔을 벌리도록 하고 장비 제작사가 지정한 대로 사용하되 휴대용 금속탐지기가 보안검색대상자의 신체에 직접 닫지 않도록 1~3인치(3~8cm)를 이격시켜서 보안검색을 한다.

먼저 머리에서부터 시작하여 승객의 신체둘레를 시계방향으로 검색하여 전체를 보안검색 한 후에 보안검색 탐지부분을 승객의 신체와 평행하게 하며 승객의 어깨에서부터 내리며 1~3인치(3～8Cm) 너비로 다시 발에서 어깨로 보안검색을 실시한다.

그리고 승객을 뒤로 돌아서게 하고 승객의 뒷부분에 대하여 전면과 동일한 절차에 의하여 보안검색을 실시한다. 특별이 주의할 사항은 보안검색이 완전히 되었는지 확인하기 위하여 양쪽 신발의 내·외부, 앞·뒤쪽 등 8개 부분에 대해 확인한다.

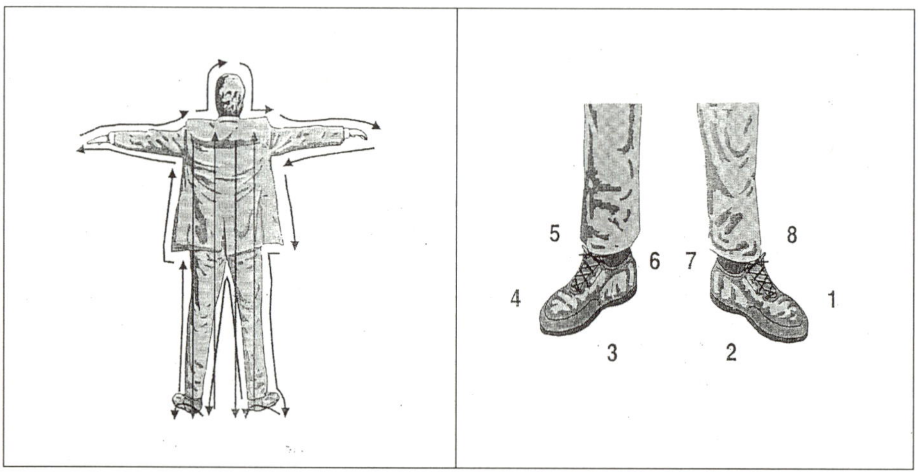

보안검색요원은 휴대용금속 탐지기가 경보가 울릴 때에는 울린 지점에 대하여 철저히 확인하되 보안검색대상자에게 경보가 울린 부분의 모든

금속물질을 제거하도록 한다.
제거된 물체가 반입금지물품인지 확인한 후에 경보가 발생한 지점에서부터 다시 검색을 한다.
승객에 대하여 완전한 보안검색이 될 때까지 그리고 모든 경보 원인이 발견되고 처리될 때까지 앞의 절차를 계속 수행한다. 특히 발 및 발목 주위를 특별히 신경을 써서 검색을 한다.

(4) 촉수 보안검색

1) 착안사항

촉수검색에는 전체 신체수 검색과 경보발생지역에 대하여 실시하는 부분 수검색으로 나눠진다. 이 2가지 경우 보안검색요원이 손등 또는 손바닥을 이용하여 보안검색을 한다.

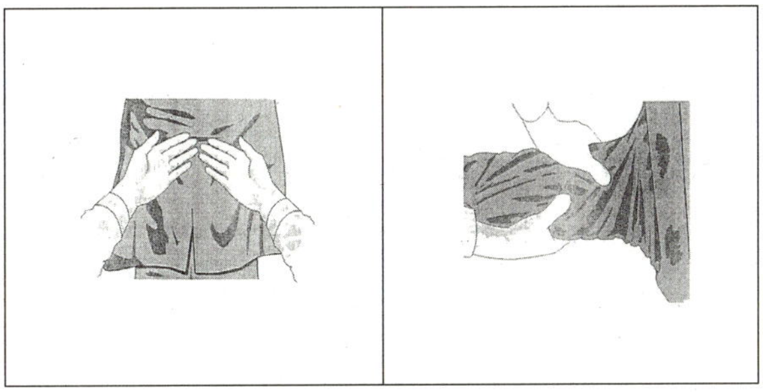

촉수검색은 보안검색대상자와 동일한 성별의 보안검색요원에 의해 실시하되 시계방향으로 보안검색대상자의 신체 위에서 아래로 실시하며 매 보안검색시마다 빠지는 부분이 없도록 똑같은 방법으로 실시한다.
촉수 검색방법으로 보안검색대상자를 보안검색요원과 마주보고 서도록 하고 보안검색대상자 코트, 책, 신문 등 소지하고 있는 물품을 먼저 검색을 한 다음 신체에 대한 손 검색이 완료되면 해당 품목을 돌려주도록 한다.

2) 남자 신체검색

① 모자 등 머리에 착용한 물품을 손으로 검색하고 머리카락을 손이나 육안으로 조사한다. 조사를 위해 제거할 수 없는 종교적 상징으로 착용한 모자는 휴대형 금속탐지기로 검색한다.

② 등, 칼라, 옷깃, 어깨 패드, 주머니(외부에서) 및 팔의 순서로 재킷을 손으로 검색한다. 주머니에 금지 물품일 수 있는 물건이 들어있으면 보안검색대상자에게 물건을 꺼내어 조사할 수 있도록 하고 주머니의 외부를 다시 더듬어 모든 관련 물품을 꺼냈는지 확인한다. 재킷/코트가 두툼한 것일 경우에는 X-ray검색장비로 검색하여야 한다.

③ 셔츠, 넥타이, 조끼, 스웨터, 카디건 등을 주머니를 포함하여 손으로 수색한다.

④ 허리띠, 주머니, 바짓단의 순서로 바지를 손으로 수색한다. 특히 혁대와 그 중에서도 버클에 특별히 주의를 기울인다.

⑤ 구두와 부츠를 손과 육안으로 검색하면서 구두굽이 높은 구두에 특별한 주의를 기울인다. 보안검색요원이 금지 물품이 숨겨져 있다고 의심할 경우에는 신발을 벗도록 하여 손과 육안으로 자세히 조사하거나, X-레이로 검색하거나, 폭발물 탐지 장비로 검색한다.

⑥ 신발과 다리의 아래 부분을 효과적으로 조사할 수 있도록 하기 위해 수색 대상자에게 발을 발판 위에 올려놓도록 요구할 것을 권장한다.

⑦ 뒤와 앞, 바지 위, 재킷 밑 또는 기타 두툼한 옷 등을 체계적으로 손으로 더듬어 몸에 총기, 무기 또는 폭발/방화 장치 등을 휴대하고 있지 않은 지 검사해야 한다.

⑧ 겨드랑이, 바지 가랑이, 허리띠 부분(특히 등 뒤의 잘록한 부분), 다리 아래 부분, 발목, 의심이 가는 살덩어리, 다리를 덮은 부분, 그리

고 신발에 특별히 주의를 기울인다.

등 뒤의 잘록한 부분은 수색 대상자가 옆이나 뒤로 돌아서도록 요구한 후 수색할 것을 권장하여 보안검색자가 보안검색대상자와 얼굴을 마주한 상태에서 팔로 허리를 껴안지 않도록 한다.

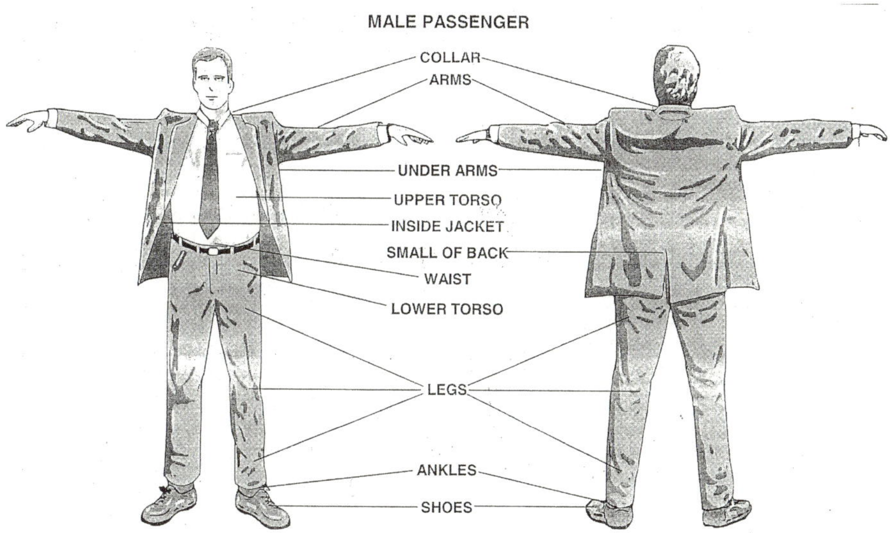

Pat-down Search Key Points

3) 여자 신체검색

① 모자 등 머리에 착용한 물품은 손으로 검색하고 머리카락은 손이나 육안으로 검색하며 검색을 위해 제거할 수 없는 종교적 상징으로 착용한 모자는 휴대형 금속탐지기로 검색한다.

② 등, 칼라, 옷깃, 어깨 패드, 주머니(외부에서) 및 팔의 순서로 재킷을 손으로 검색한다. 주머니에 금지 물품일 수 있는 물건이 들어있으면 보안검색대상자에게 물건을 꺼내어 검사할 수 있도록 하고 주머니의 외부를 다시 더듬어 모든 관련 물품을 꺼냈는지 확인한다. 재킷이 두툼한 것일 경우에는 X-ray검색장비로 검색할 것을 권장한다.

③ 블라우스/셔츠, 스웨터, 카디건, 바지 등 주머니를 포함하여 손으로 수색한다. 특히 목걸이,브르워저 끈 등 가슴부분에 특별한 주의를 기울인다.

④ 구두와 부츠를 손과 육안으로 검색하면서 하이일과 플랫폼 구두에 특별한 주의를 기울인다. 보안검색요원은가 금지 물품이 숨겨져 있다고 의심할 경우에는 신발을 벗도록 하여 손과 육안으로 자세히 조사하거나, X-ray로 검색하거나, 폭발물 탐지 장비로 검색한다. 신발과 다리의 아래 부분을 효과적으로 조사할 수 있도록 하기 위해 수색 대상자에게 발을 발판 위에 올려놓도록 요구할 것을 권장한다.

⑤ 뒤와 앞, 바지 위, 재킷 밑 또는 기타 두툼한 옷 등을 체계적으로 손으로 더듬어 몸에 총기, 무기 또는 폭발/방화 장치 등을 휴대하고 있지 않은 지 조사해야 한다.

⑥ 긴 머리, 겨드랑이, 유방, 바지 가랑이, 허리부분(특히 등 뒤의 잘록한 부분), 다리 아래 부분, 발목, 의심이 가는 살덩어리, 다리를 덮은 부분, 그리고 신발에 특별히 주의를 기울인다. 등 뒤의 잘록한 부분은 수색 대상자가 옆이나 뒤로 돌아서도록 요구한 후 수색할 것을 권장하며 수색자가 수색대상자와 얼굴을 마주한 상태에서 팔로 허리를 껴안지 않도록 한다.

⑦ 털 옷깃, 깊은 주머니 및 공그른 단에 특별한 주의를 기울인다.

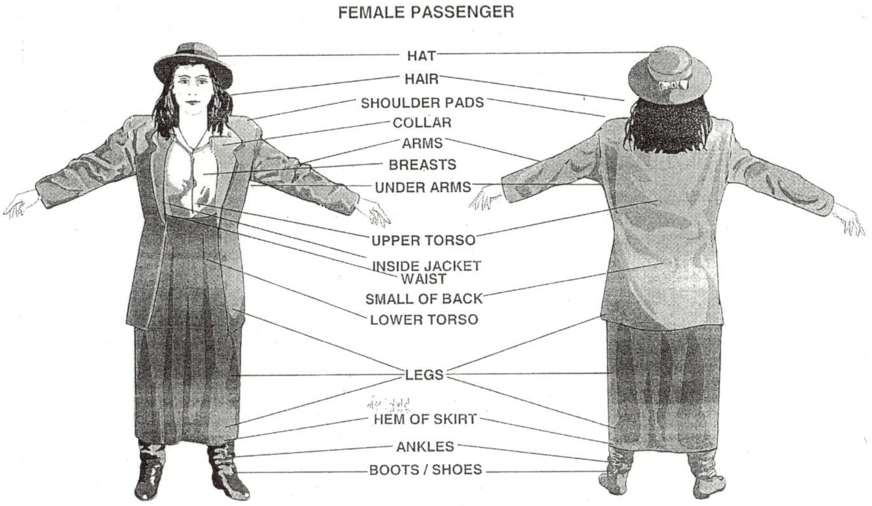

Pat-down Search Key Points

(5) 폭발물탐지기 검색

신체 또는 휴대물품에 대한 촉수검색은 일부 한계가 있다. 보안검색대상자에게 사전 양해를 구하여 승인을 득해야 하고 휴대폰, 카메라 등 전기, 전자 및 기계제품은 X-ray검색장비나 폭발물탐지기 같은 기술적인 장비로 보안검색을 해야 한다.

촉수검색시 습관 또는 피로 등에 의한 인적오류 또는 실수가 발생할 수 있고 보안검색요원들에게 불쾌감이나 비위생적일 수 있다는 제한사항이 있어 보안검색장비를 이용한 보안검색과 촉수검색을 혼용하는 것이 적절하다.

(6) 특별검색

유모차에 있는 아기와 어린이는 부모의 동의가 필요하고 임신한 여성과 휠체어에 탄 승객 그리고 의학적인 치료 상태 있는 자(깁스한 자)

나 종교적인 이유로 손 검색이나 가방 보안검색을 받지 못하겠다는 자, 성 전환자 등은 보안검색지침에 의해 검색이 이뤄져야 한다.

3. 휴대물품 보안검색

(1) X-ray 검색방법

1) X-ray 모니터에 나타나는 영상이 깨끗하고 투명한지 최대한 확인하며 최상의 화질을 위해 필요시 모니터의 명암 및 해상도를 조절하여야 한다.
2) X-ray 보안검색요원은 빔이 잘 투과할 수 있도록 가능한 검색대상물품을 컨베이어 벨트 중앙에 넓은 부분이 X-ray 투입구 상단에서 보이게 물품을 놓는다.
3) 보안검색요원은 물품이 X-ray를 통과시에 모니터에 현시되는 영상을 보고 다음 중에 하나의 조치를 강구한다.
   ① X-ray 모니터 영상에 폭발물, 무기 등 위험물품이 없을 경우 물품을 통과시킨다.
   ② X-ray 모니터 영상에 폭발물, 무기 등 위험물품이 없다고 단정할 수 없고 위험의 가능성이 있는 것으로 판단될 때는 해당 물품을 개봉검색을 실시하여 위험물 여부를 확인한다.
   ③ X-ray 모니터 영상에 폭발물, 무기 또는 기타 위험물품이 확실한 경우에는 즉시 감독자 또는 경찰 등 관계자에게 알리고 해당 물품 소지자를 계속 감시한다.

(2) 개봉검색시 유의사항

1) 위해물품이나 수상한 물품이 발견되었을 때 폭발물 이외의 위험물품이 X-ray 모니터 화면에 발견되거나 물품의 안전성이 의심되거나

식별되지 않을 때, X-ray장비가 없거나 작동하지 않을 때, 배터리로 작동하는 의심되는 전자제품, 승객이 X-ray 검색을 원하지 않을 경우 등 책임자가 필요하다고 판단될 때에 한다.

2) 개봉검색요원은 물품소지자로부터 개봉검색 허가를 받아야 하고 물품소지자은 개봉검색을 거부할 권한을 가진다. 그러나 확인되지 않은 물품은 보안검색완료구역으로 반입할 수 없다.

3) 가방 등 개봉시에는 물품소지자 쪽으로 향하지 않게 하며 개봉검색요원 쪽으로 향하게 개봉하여야 한다. 그리고 물품 내용물이 있는 곳으로 물품소지자가 접근하지 못하도록 제한하여야 한다.

4) 보안검색이 완료되고 해당 물품 전체가 확인될 때까지 물품소지자가 물품에 손을 대지 못하도록 하여야 한다. 보안검색 완료시 물품소지자에게 협조에 대한 감사 표시를 하여야 한다.

5) 기구 또는 장비키트, 우산 및 플래시 라이트 등의 물품을 보안검색요원이 손으로 개봉 검색시에는 특히 주의하여야 한다. 손으로 만지기 전에 먼저 보고, 보면서 만진다는 것에 유의하여야 한다.

(3) 개봉검색방법

1) 시계방향으로 모든 물품을 확인하는데 물품에 대한 통제를 유지하며 가방 바깥쪽의 이가 맞지 않는지, 다시 재봉을 하였는지, 본드로 붙였는지 등 조작한 흔적을 확인한다.

2) 가방 등 물품의 외부를 검사하여 비정상적으로 튀어나온 부분이 있는지를 점검하고 모든 외부주머니 및 지퍼가 달린 주머니를 열고 확인하여 이상이 없는지 확인한다.

3) 개봉검색요원은 가방 등 물품을 개봉하여 시계방향으로 내부를 검사한다. 가방의 내부구조가 변경되었는지 확인하기 위하여 위, 옆 및 바닥을 더듬어 비정상적으로 튀어나온 부분이 있는지, 두께가 두꺼운지, 다시 재봉 또는 붙인 흔적이 있는지 등을 확인한다.

4) 내용물은 비정상적인 공간이나 접혀지거나 감겨진 의류에 숨겨진 것이 없는지 확인하기 위하여 눌러보거나 펴보는 방법으로 검사한다.

① 봉제 장난감, 담배 및 에어졸캔과 같은 물품의 무게 확인과 외부에서 조작하여 찌그러진 것인지 또 책속에 숨겨진 것이 없는지 확인하여야 한다.

② 지팡이, 우산은 그 무게를 측정해보고 그 손잡이에는 예리한 기구가 숨겨져 있을 수 있으므로 반드시 검사해야한다.

③ 약물은 냄새를 맡아보거나 액체의 경우 흔들어서 내부에 다른 물건이 숨겨져 있는지 확인하며 음식물은 이물질이 있는지 확인해본다.

④ 기저귀가방, 젖병, 담요, 유모차 등 유아용품도 예외 없이 검사해야 하며, 이상이 없다고 속단해서는 안된다.

⑤ 술병, 물통이 개폐되었을 시 뚜껑을 열어 냄새를 맡아 확인하고, 미개폐시는 밑바닥에 구멍이 난 흔적을 확인하며 앙금이 생기는지 살펴보아야 한다.

⑥ 스프레이, 음료수를 포함한 병, 카메라, 무전기, 전기기계 등은 특별히 주의가 필요한 물품으로 주위 깊은 검색이 필요하다.

⑦ X-ray 보안검색시 본래의 형질이 손상되거나 변질될 우려가 있는 골수, 혈액 등 인명 구조용 의료품과 유골 및 이식용 장기에 대하여는 개봉검색을 하거나 입증서류 확인 등의 방법으로 보안검색을 할 수 있다.

4. 위탁수하물 보안검색

(1) 개요

항공보안법 시행령 제11조(위탁수하물에 대한 보안검색방법 등)에서 항공운송사업자는 항공보안법 제15조에 따라 탑승권을 소지한 승객의 위탁수하물 인지 및 위해물품인지를 확인하여야 한다.

(2) 위탁수하물 보안검색

위탁수하물 보안검색은 항공기 탑재 전에 엑스선 검색장비를 사용하여 휴대물품 보안검색과 같은 방법으로 하고 엑스선 검색장비가 정상적으로 작동하지 아니한 경우, 무기류 또는 위해물품이 숨겨져 있다고 의심되는 경우, 엑스선 검색장비에 의한 검색결과 그 내용물을 판독할 수 없는 경우, 엑스선 검색장비로 보안검색을 할 수 없는 크기의 단일 위탁수하물인 경우, 공·항만보안에 위협이 증가하는 등 특별한 사유가 발생하는 경우, 위탁수하물을 개봉하여 그 내용물을 검색하여야 한다. 이 경우 폭발물이나 위해물품이 있다고 의심되는 경우에는 폭발물 흔적탐지장비 등 필요한 검색장비 등으로 추가하여 보안검색을 하여야 한다.

(3) 위탁수하물 개봉검색 절차

1) 위탁수하물 정밀개장검사 (2차검색)

X-ray 판독요원이 정밀 개장검사가 필요하다고 판단될 경우에는 "Pusher"를 선택하여야 하며, 해당 수하물은 개장검사실로 자동으로 보내지게 된다. 보안검색요원은 전송되어 표출되는 X-ray이미지를 분석하고 최초 X-ray판독을 실시한 보안검색요원과 통신하여 정밀 개장검사를 요청하게 된 이유를 정확히 개장검사를 실시하는 보안검색요원에게 알려주어야 한다.

2) 화주 또는 해당 항공사직원 호출요청

개장검사요원은 정밀개장검사가 필요한 수하물에 부착된 TAG를 확인하고 해당 항공사에 승객과 동행을 요청하여야 하며, 해당 승객과 동행할 수 없을 경우에는 항공사 직원이 입회하도록 하여야 한다.
해당 개장검사 일지에 개장검사시간, 항공기 편명, 수하물 번호, 항공사 직원이름, 개장검사자 성명 등을 기록한다.

3) 화주와 대면

개장검사실에 들어올 경우에는 개장검사 필요성과 법적근거 등을 설명하고 기분이 상하지 않도록 친절하게 응대하여야 한다.

4) 여권, 탑승권 확인

승객에게 해당 수하물이 본인 것인지 확인한 후에 승객여권, 탑승권 및 수화물 번호를 확인하여 수하물과 일치여부를 확인하고 승객의 동의하에 개장검사를 실시하여야 하며, 승객입회가 불가한 경우에는 해당 항공사직원 입회하에 실시하여야 한다.

5) 개봉검색

화주 또는 항공사 직원입회 하에 X-ray 판독요원이 요청한 부분을 확인하여야 하며 의심스러운 부분을 중심으로 시계방향으로 내용물은 위에서 아랫방향으로 중앙에서 바깥부분으로 개봉검색을 실시한다. 이때 물품이 훼손 또는 파손되지 않도록 조심스럽게 검사를 하여야 하며, 개봉검색을 할 때 불쾌감을 주지 않도록 각별히 주의하여야 한다.

6) 수하물 투입

개장검사가 완료된 수하물은 화주 입회하에 바코드를 인식하고 BHS에 투입하여야 하며, 이때 수하물이 파손되지 않도록 바퀴가 달린 수하물은 바퀴가 위쪽을 향하게 하여 투입하며 개봉검색일지에 확인서명을 받아야 한다.

(4) 위탁수하물 보안통제

1) 공항운영자는 보안검색이 끝난 위탁수하물이 보안검색이 완료되지 아니한 위탁수하물과 혼재되지 아니하도록 하여야 한다.
2) 항공운송사업자는 보안검색이 끝난 위탁수하물을 항공기에 탑재하

기 전까지 보호조치를 하여야 하며, 항공기에 탑재된 위탁수하물이 탑승한 승객의 소유인지를 확인하여 그 소유자가 항공기에 탑승하지 아니한 경우에는 그 위탁수하물을 운송해서는 아니 된다. 다만, 그 위탁수하물에 대한 운송처리를 잘못하여 다른 항공기로 운송하여야 할 경우에는 별도의 보안조치를 한 후에 탑재할 수 있다.

5. 차량 보안검색

(1) 개요

운전자 및 동승자의 보안검색은 출입자의 보안검색과 같은 방법으로 실시하며 차량은 보호구역출입이 허가된 차량인지 여부를 차량출입증으로 확인한 후에 차량의 가동을 중지시키고 차량의 외부부터, 트렁크, 급유구, 타이어, 엔진룸, 차량의 하부, 차량의 내부 등 빠진 곳이 없도록, 육안 및 검색장비를 이용한 검색을 실시한다.

(2) 차량검색시 유의사항

① 차량검색시는 팀 단위로 검색하는 것이 좋으며 운전자와 탑승자의 위치를 항상 파악한 후 운전자에게 모든 문과 트렁크 등을 개방하도록 하여야 한다.

② 엔진작동 중 차량검색을 실시해서는 안되며 운전자에게 공격할 기회를 제공해서는 안 된다.

③ 폭발물을 설치했을 가능성이 있거나 운전자가 도주 또는 검색을 방해할 우려가 있을 경우에는 운전자를 안전한 장소에 격리해야 한다.

④ 운전자가 눈에 띌 정도로 몸이나 손을 떨고 시선을 회피하며 땀을 많이 흘리거나 한숨을 쉬거나 목소리가 떨리거나 말을 더듬거리는 등 불안정한 행동을 보이는 사람은 주의해서 차량검색을 하여야 한다.

(3) 차량검색 절차

점검 항목	점검 포인트
차량외부	○ 차량 주위를 한바퀴 돌면서 이상 유무 확인 ○ 본네트 ·문 ·트렁크와 차체간 간격이 크게 벌어져 있는지 여부를 확인
트렁크	○ 매트를 완전히 들어 올려 확인 ○ 스페어 타이어 하부도 확인
급유구	○ 열어서 확인 ○ 개방시 냄새가 휘발유 ·경유와 다른지 여부 확인
타이어	○ 타이어가 지나치게 주저앉아 있는지 여부 ○ 흙받이 내부 부착물 유무 ○ 타이어 휠캡 개봉 및 내부 확인
엔진룸	○ 본네트를 반쯤 열어 이상유무를 확인 후 개봉 ○ 엔진룸내 불필요하거나 특이한 배선유무 확인 ○ 엔진, 배터리, 워셔액통 중심으로 확인
차량 하부	○ 먼저육안점검실시 ○ 차량 검색경 활용(머플러 등 중심)
차량 내부	○ 운전자 ·동승자 외 물품 적재 여부 확인 ○ 문을 열 때 먼저 반 열림상태로 확인 ○ 문 개방 후 좌석 및 매트 등을 확인하고 문짝과 내부 인테리어간 접착 상태 확인

(4) 차량 부분별 세부검색 절차

1) 트렁크

절연테이프, 전선, 전선피복류, 가는 철사, 도화선 조각, 낚시줄 등이 트렁크 바닥에 남아있는지 여부를 비롯하여 예비타이어 보관함, 공구함 등 물품 은닉이 용이한 부분, 브레이크등 및 방향지시등에 추가 연결된 전선 유무를 확인한다.

2) 타이어

타이어가 지나치게 주저앉아 있는지, 타이어 내부가 다른 물질로 채워져 있는지, 공기밸브에서 이상한 냄새가 나는지 여부를 한다. 그리고 타이어에 비해 너무 깨끗하거나 더러운 너트휠캡이 씌워져 있는지 또는 새 타이어인지 및 흙받이 부분이 다른 부분과 다르거나 깨끗하게 닦인 흔적이 있는지 여부를 확인한다.

3) 엔진부분

차량검색요원은 운전자로 하여금 차량의 본네트를 열고 닫도록 하되 차량에 비해 배터리가 지나치게 크거나 여분의 배터리가 있는지, 엔진룸이 깨끗하게 청소되어 있는지 또는 이상한 전선줄이 있는지 여부를 확인한다.

워셔액 통에 용도이외 물질 또는 휘발유 냄새가 나는지 와 각종 장치에 페인트칠 및 용접이 새로 되었거나 용도이외 신품 볼트 등 장착 여부를 확인한다.

4) 차량하부

차량하부는 연료탱크를 두드렸을 때 이상한 소리가 나는지, 차체에 용접을 새로 했거나 이상한 물건의 부착된 곳은 없는지, 오일팬 또는 머플러가 비정상적으로 차가운지 그리고 연료탱크나 머플러 등의 개조 및 새로운 물건의 장착 여부를 확인한다.

5) 차량내부

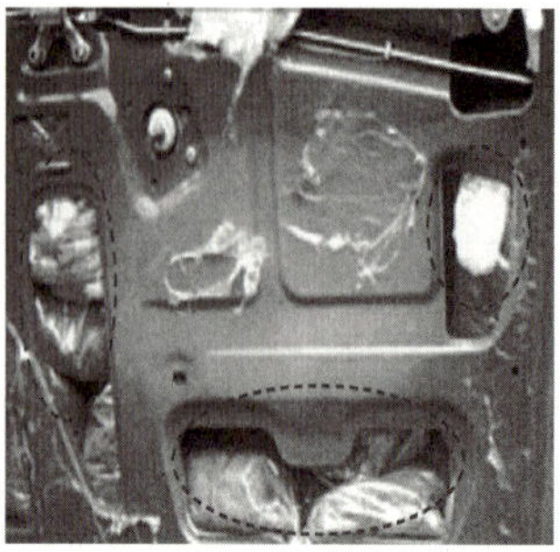

차량문을 열 때 한번에 완전 개방하지 않도록 주의하고 운전자로 하여금 직접 사물함을 열게 하여 내부를 검색을 한다.

훼손된 볼트 등이 흐트러져 있는지, 환풍구가 막혀있거나 훼손되어 있는지, 매트 밑에 전선이나 스위치가 있는지, 앞·뒤 좌석에 비정상적인 돌출부분이 있거나 좌석이 딱딱한지 여부를 확인한다.

차량 문 개방 후 좌석 및 매트, 문짝과 내부 인테리어 간 접착상태를 확인하고 차량천장을 수선한 흔적이 있는지 여부를 점검한다. 특히 차량 문에는 부착할 수 있는 폭탄의 양은 적으나 일상적인 검색에서 적발이 어려우며 좌석하부는 많은 양의 폭탄 적재가 가능하다.

제6절 항공화물 보안검색

1. 개요

항공보안법 시행령 제12조(화물에 대한 보안검색방법 등)에서는 항공보안법 제15조에 따라 여객기에 탑재하는 화물에 대한 항공운송사업자의 보안검색에 대해서는 항공보안법 시행령 제11조제2항 및 제3항을 준용하도록 하고 있다.

> **항공보안법 시행령 제11조(위탁수하물의 보안검색방법 등)** ② 공항운영자는 제1항에 따른 위탁수하물에 대하여 항공기 탑재 전에 X-ray검색장비를 사용하여 보안검색을 하여야 한다.
>
> ③ 공항운영자는 다음 각 호의 어느 하나에 해당하는 경우에는 항공기 탑재 전에 위탁수하물을 개봉하여 그 내용물을 검색하여야 한다. 이 경우 폭발물이나 위해물품이 있다고 의심되는 경우 또는 제3호의2에 해당하는 경우에는 폭발물 흔적탐지장비 등 필요한 검색장비 등을 추가하여 보안검색을 하여야 한다.
>
> 1. 엑스선 검색장비가 정상적으로 작동하지 아니한 경우
> 2. 무기류 또는 위해물품이 숨겨져 있다고 의심되는 경우
> 3. 엑스선 검색장비에 의한 검색결과 그 내용물을 판독할 수 없는 경우
>
> 3의2. 엑스선 검색장비로 보안검색을 할 수 없는 크기의 단일 위탁수하물인 경우
>
> 4. 제1호부터 제3호까지 및 제3호의2에서 규정한 경우 외에 항공보안에 위협이 증가하는 등 특별한 사유가 발생하는 경우

항공운송사업자는 화물기에 탑재하는 화물에 대해서는 다음과 같은 방법으로 보안검색을 하여야 한다.

(1) 개봉검색
(2) 엑스선 검색장비에 의한 검색
(3) 폭발물 탐지장비 또는 폭발물 흔적탐지장비에 의한 검색
(4) 폭발물 탐지견에 의한 검색
(5) 압력실을 사용한 검색

2. 항공화물 보안검색

항공운송사업자는 여객기 또는 화물기로 운송되는 화물 및 우편물에 대하여 다음 기준에 따라 보안검색을 실시한 후 항공기에 탑재하여야 한다.

(1) 여객기에 탑재하는 화물 및 우편물은 위탁수하물의 보안검색 기준을 준용하여 보안검색 실시
(2) 화물기에 탑재하는 화물 및 우편물은 개봉검색, 엑스선 검색장비에 의한 검색, 폭발물 탐지장비 또는 폭발물 흔적탐지장비에 의한 검색, 폭발물 탐지견에 의한 검색, 압력실을 사용한 검색 중 하나의 방법으로 보안검색 실시

3. 항공 우편물 보안검색

항공운송사업자와 우편물을 취급하는 기관(국제우편물류센터)간에 협약을 체결한 경우 국제우편물류센터가 우편물에 대한 보안검색을 실시할 수 있으며, 우편물을 운송하는 항공운송사업자는 상호 협의하여 특정 항공운송사업자를 지정하여 연 1회 이상 우편물 보안검색에 대한 이행실태를 확인하여야 한다.

화물터미널 등을 운영하는 자는 해당시설 출입자 및 소지물품에 대해 보안검색을 실시하여야 한다.

여객기 또는 화물기로 운송되는 화물 및 우편물에 대한 보안검색 수준은 위험평가에 기초하여 결정하여야 한다.

항공운송사업자는 보안검색을 거부한 화주의 화물 및 우편물을 운송하여서는 아니 된다.

화물 및 우편물에 대한 보안검색 시에는 다음 사항을 유의하여 실시하여야 한다.

(1) 검색대상 화물 및 우편물은 포장 단위별로 나누어 검색. 다만, 화물 전체를 검색할 수 있는 장비가 있는 경우는 예외

(2) 화물의 내용물과 신고된 선적 서류와의 일치여부를 확인한 후 엑스선 검색장비 등으로 보안검색을 실시. 다만, 신고된 화물과 일치하지 않는 화물에 대하여는 개봉검색 실시

(3) 항공운송사업자와 정규적으로 거래를 하지 않은 화주 또는 운송업체의 화물을 접수하는 경우는 반드시 신분 확인 후 접수

(4) 고위험 화물 또는 우편물로 분류된 경우에는 통상적인 보안검색 이외에 그 내용물을 확인하기 위한 개봉검색 등 추가적인 보안조치를 실시

(5) 항공화물 운송을 의뢰하는 대리점에 대해서는 등록여부(물류정책기본법에 의한 국제물류주선업 등)를 확인한 후 화물 접수

4. 기록유지

항공운송사업자는 다음 사항이 포함된 항공화물 및 우편물의 보안검색에 관한 기록을 작성하여 전자기록물 등의 방법으로 1년 이상 보존하여야 한다.

(1) 보안검색 업무를 수행한 항공보안검색요원 · 감독자의 성명 및 근무시간

(2) 항공보안장비의 점검 및 운용에 관한 사항

(3) 그 밖에 보안검색 수행 중에 발생한 특이사항

항공운송사업자는 화물 및 우편물 안에 비인가된 폭발물, 발연성 물질 또는 위해물품 은닉 여부를 확인하는 절차를 수립하여 시행하여야 한다.

5. 보안검색이 완료된 화물 보안통제

항공운송사업자는 보안검색을 완료한 화물 및 우편물을 항공기 탑재 전까지 인가자 외 출입이 통제되는 지역에 보관하여야 한다.

항공운송사업자는 보호구역 안에서 화물 및 우편물 보관장소 외의 다른 장소나 항공사 직원이 감시를 하지 않는 지역에 방치하여서는 아니되며, 방치된 화물 및 우편물이 발견된 때에는 해당 화물 및 우편물에 대하여 보안검색을 실시하는 등 보안조치를 하여야 한다.

항공운송사업자는 보안검색이 완료된 화물 · 우편물 · 기내물품 등을 외부로부터 공항 보호구역 또는 항공기 안으로 이동시키는 경우 위해물품이 반입되지 않도록 경비요원에 의한 호송을 받거나, 시건장치가 되어 있는 컨테이너에 보관하여 운송하는 등의 보안통제 절차를 수립하여 시행하여야 한다.

항공운송사업자는 컨테이너, 화물처리장비, 단위화물탑재용기(ULD)에 대한 보안대책을 수립하여 시행하여야 한다.

항공운송사업자는 상업서류송달업자가 항공운송을 목적으로 접수한 물품(COB)에 대하여 위탁수하물과 같은 방법으로 보안검색을 실시하여야 한다.
항공운송사업자는 상업용 항공기에 의해 운송되는 환적 화물 및 우편물에 대해서는 단위화물탑재용기로 이동되거나, 같은 항공운송사업자의 항공기로 환적되는 경우를 제외하고는 출발시 접수 화물과 같은 방법으로 보안검색을 실시하여야 한다.
항공운송사업자 등 보안검색 주체가 화물 및 우편물에 대해 보안검색을 완료한 경우에는 전자·문서 형태의 보안 증명서 또는 보안표식을 이용하여 화물 및 우편물의 최종 도착지까지 보안검색이 완료된 상태임을 확인할 수 있도록 하여야 한다.
항공운송사업자는 다른 국가에서 출발하여 국내 공항에서 환적되는 화물 및 우편물중 보안검색이 면제되는 대상에 대해서는 전자·문서 형태의 증명서류 등을 통해 최종 출발지 국가에서 적정한 보안통제가 이루어졌는지를 확인하여야 한다.

6. 상용화주 관련규정

항공보안법 제17조의2(상용화주)에 따라 국토교통부장관은 검색장비, 항공보안검색요원 등 국토교통부령으로 정하는 기준을 갖춘 화주 또는 항공화물을 포장하여 보관 및 운송하는 자를 지정하여 항공화물 및 우편물에 대하여 보안검색을 실시하게 할 수 있다.
국토교통부장관은 상용화주가 준수하여야 할 화물보안통제절차 등에 관한 항공화물보안기준을 정하여 고시하여야 한다.
항공운송사업자는 상용화주가 보안검색을 한 항공화물 및 우편물에 대하여는 보안검색을 하지 아니한다. 다만, 다음 각 호에서 정하는 항공화물 및 우편물에 대하여는 보안검색을 실시하여야 한다.

(1) 상용화주로부터 접수하였으나 상용화주가 아닌 자가 취급한 경우
(2) 접수 · 보안검색 · 운송 등 취급과정에서 상용화주 및 항공운송사업자의 통제를 벗어난 경우
(3) 훼손 흔적이 있는 경우
(4) 허가받지 아니한 자의 접촉이 발생하였거나 접촉이 의심되는 경우
(5) 화물전용기에서 여객기로 옮겨지는 경우
(6) 무작위 표본검색 등 국토교통부장관이 정하여 고시한 사항에 해당하는 경우
(7) 관할 국가경찰관서의 장이 필요한 조치를 요구한 경우
(8) 그 밖에 위협정보의 입수 등 항공운송사업자가 보안검색이 필요하다고 인정할 만한 상당한 사유가 있는 경우

7. 상용화주 지정

항공보안법 시행규칙 제9조의2(상용화주의 지정기준)에 따라 국토교통부장관이 정하는 기준은 다음 각 호와 같다.

(1) 다음 각 목에 해당하는 검색장비를 갖출 것
  가. 여객기에 탑재하는 화물의 보안검색을 위한 엑스선 검색장비
  나. 화물기에 탑재하는 화물의 보안검색을 검색장비로 하는 경우에는 엑스선 검색장비, 폭발물 탐지장비 또는 폭발물 흔적탐지장비
(2) 항공보안검색요원을 2명 이상 확보할 것
(3) 항공화물의 보안을 위해 다음 각 목의 시설을 모두 갖출 것
  가. 화물을 포장 또는 보관할 수 있는 시설로서 일반구역과 분리되어 항공화물에 대한 보안통제가 이루어질 수 있는 시설
  나. 보안검색이 완료된 항공화물이 완료되지 않은 항공화물과 섞이

지 않도록 분리할 수 있는 시설

(4) 상용화주 지정 신청일 이전 6개월 이내의 기간 중 총 24회 이상 항공화물을 운송 의뢰한 실적이 있을 것

(5) 그 밖에 국토교통부장관이 정하여 고시하는 항공화물 보안기준에 적합할 것

지방항공청장은 상용화주의 신규 지정 또는 변동이 있을 때마다 상용화주 지정 목록을 관련기관 및 업체에 즉시 통보하고 항공보안 홈페이지 등에 지정 목록을 게재하여야 한다.

지방항공청장은 상용화주를 지정하는 경우에는 5년의 범위 안에서 기간을 정하여 지정하며, 지정 기간이 만료되기 전에 상용화주 지정의 타당성 여부를 검토하여 재지정을 하는 경우에는 지정기간을 새로이 정하여 지정하여야 한다.

그 밖에 상용화주의 지정, 화물보안통제 절차 및 기준 등에 관한 세부적인 사항은 「상용화주 항공화물 보안기준」에 의한다.

제7절 기내식 및 저장품

1. 보안통제기준

항공운송사업자는 무기·폭발물, 그 밖에 위해물품 등이 기내식 및 기내 저장품에 포함되어 기내로 유입되지 아니하도록 기내식 및 기내 저장품을 운반하는 사람·차량 및 기내식 제조시설에 대한 보안대책을 수립하여 시행하여야 한다.

항공운송사업자가 기내식 및 저장품에 대한 보안대책을 수립하는 경우

에는 다음의 보안통제기준을 고려하여야 한다.

(1) 공항외부에서 공항지역 안으로 기내식을 운반하는 차량 등은 잠금장치 설치 등으로 비인가자 출입 통제
(2) 외부의 침입흔적이 있는 경우, 항공운송사업자가 지정한 사람에 의하여 검사·확인되지 아니한 경우 또는 기내식 용기 등에 위해물품이 들어있다고 의심이 되는 경우에는 기내반입 금지
(3) 기내식 카트를 항공기로 옮기기 전에 감독자가 검사하여 반입금지물품이 포함되어 있는지 확인 조치. 다만, 위협이 고조될 때에는 해당 노선에 대한 봉인 등의 추가 조치
(4) 기내식 카트 및 기내식 운반차량에 봉인을 하는 경우에는 봉인번호를 부여하고 그 번호를 적하목록에 기록
(5) 기내식 운반차량이 항공기로 이동시에는 운전자 외에 감독업무를 수행하는 항공사 또는 조업사 직원이 동승하여야 하며, 특별 요청이 있는 경우나 위협이 고조되는 경우에는 항공운송사업자의 보안감독자가 적재 과정을 감시
(6) 기내식의 품목을 인수받기 전에 항공기에 탑재될 기내식의 이상유무를 검사
(7) 기내식과 관련된 특정 보조품목과 비행 중 판매 물품에 대한 정보는 해당 업무 담당자를 최소 인원으로 제한
(8) 모든 기내식 제조시설내 고용인은 해당 종사자에 대해 고용전 신원조사를 실시

2. 기내식 보안대책

항공운송사업자가 기내식 제조업체와 기내식 제조 등에 관한 계약을 체결할 경우에는 공항으로 운송되는 기내식 물품에 대한 다음의 사항

이 포함된 보안대책을 수립하여야 한다.

(1) 기내식 제조시설의 보안을 감독할 보안감독자 지정
(2) 공항 외부지역에서 공항까지 운송시 보안대책
(3) 공항내의 저장시설에 대한 보안대책
(4) 기내식 제조지역의 보호
(5) 기내식 준비지역 및 기내식 차량 등에 대한 출입 통제
(6) 항공기 적재를 위한 기내 저장품 운송시 보안통제

항공운송사업자는 기내식 및 저장품에 대한 보안대책 수립시 항공사의 물품(COMAT) 및 우편물(COMAIL)에 대한 보안통제 방법을 포함하여야 한다.

3. 기내식시설 통제

기내식 제조업자는 제조시설과 주방에 인가된 직원만 출입토록 하여야 하며, 기내식 제조시설의 모든 직원은 자체 출입증을 소지하고 출입증 확인이 가능하도록 항상 패용하여야 한다.
기내식 제조업자는 전체 시설을 구조적으로 물품납품구역 · 처리지역 · 반출포장지역으로 구분하여야 하며, 각 구역별로 출입통제를 실시하여야 한다.
항공운송사업자는 기내식 물품 및 비품을 준비하여 운송하는 사람에 대하여는 해당 물품 등의 보안에 필요한 임무를 이해하고 수행할 수 있도록 보안인지 교육을 받도록 하여야 한다.

4. 비행서류 보안통제

항공운송사업자는 탑승권, 수하물 꼬리표 등 비행 서류에 대한 보안대책을 수립·시행하여야 한다.

항공운송사업자는 모든 비행서류를 비인가자가 접근하지 못하도록 하여야 하며, 사용하지 아니하는 비행서류를 항공사 또는 항공사 대리인에 의해 관리되는 별도의 장소에 보관하여야 한다.

항공운송사업자는 탑승권 발급기에 비인가자가 접근하지 못하도록 보안조치를 하여야 한다.

비행서류의 취급 및 배포는 항공사 직원 또는 지정된 항공사 대리인만이 할 수 있으며, 항공사는 각 담당 지역별로 해당 비행서류를 관리하는 감독자를 지정하고, 지정된 감독자로 하여금 정기적인 검사를 실시하도록 하여야 한다.

Chap. 3 보안검색 식별

제1절 국가보안 금지물품

제2절 항공기내 반입금지물품

제3절 국제항해선박 및 항만시설반입금지물품

제4절 철도이용시 금지 위해물품

제5절 총포 · 도검 · 화약류 등의 안전관리에 관한 법률

제6절 벌칙조항

제3장 보안검색 물품식별

제1절 국가보안 금지물품

국가보안시설 및 보호장비 관리지침 제27조(보안검색)에서 따라 보안 검색에서 휴대 또는 반출을 금지하는 물품은 다음과 같다.

① 헌법질서를 문란하게 하거나 공안을 해할 우려가 있는 서적, 간행물, 영화, 비디오물, 컴퓨터 프로그램, 기타 이에 준하는 물품

② 국가·산업기밀과 관련된 문서, 도면, 컴퓨터 프로그램, 기타 이에 준하는 물품.

③ 위·변조 화폐(내·외국환, 은행권, 채권, 기타 유가증권 등의 위·변조품) 위·변조 여권

④ 총포·도검·화약류 등 단속법의 규제대상 물품중 관련규정에 의거 허가받지 않은 물품

⑤ 마약·향정신성 의약품, 대마 등 마약류

⑥ 기타 관계법령 및 국가안보를 위해 반·출입이 금지된 물품

기타 관계법령에 따라 보안검색에서 휴대 또는 반출을 금지하는 물품은 다음과 같다.

① 앵속, 아편, 코카 잎 등 마약류향정신성의약품류, 대마류 등, 이들의 제품은 보건복지부장관의 허가(대마관리법 제4조, 마약법 제6조, 향

정신성 의약품관리법제3조)

② 멸종위기에 처한 야생 동·식물종의 국제거래에 관한 협약(CITES)에서 보호하는 살아있는 야생 동·식물 및 이들을 사용하여 만든 제품·가공품.

가. 호랑이·표범·코끼리·타조·매·올빼미·코브라·거북·악어·철갑상어·산호·난·선인장·알로에 등과 이들의 박제·모피

나. 웅담·사향 등의 동물한약 등

다. 목향·구척·천마등과 이들을 사용하여 제조한 식물한약 또는 의약품 등

③ 미화 1만불 상당액을 초과하는 대외지급수단(약속어음, 환어음, 신용장 제외)과 내국통화(원화) 및 원화표시여행자수표, 자기앞수표, 당좌수표, 우편환

④ 귀금속(일상적으로 사용하는 금반지, 목걸이 등은 제외) 및 증권

⑤ 문화재는 국외반출시 문화체육부장관의 국외반출허가증 또는 시·도지사의 비문화재 확인증 제출.

⑥ 수산업법, 수산동식물 이식승인에 관한규칙 제5조 및 제6조 해당물품으로 국내의 수자원 보호유지 및 양식용 종묘확보에 지장을 초래할 우려가 있는 물품, 천연기념물로 지정된 품종, 우리나라의 특산품종 또는 희귀품종 ,수산자원보호령 제10조에서 정한 몸길이 이하의 것,

⑦ 폐기물의 국가간 이동 및 그 처리에 관한법률 해당물품

⑧ 식물·과일채소류·농림산물류

⑨ 동물(고기·가죽·털 포함)·축수산물

제2절 항공기내 반입금지물품

1. 반입금지 관련규정

항공보안법 제21조(무기 등 위해물품 휴대 금지)에 따라 누구든지 항공기에 무기, 탄저균, 천연두균 등의 생화학무기, 도검류, 폭발물, 독극물 또는 연소성이 높은 물건 등 국토교통부장관이 정하여 고시「항공기 내 반입금지 위해물품」하는 위해물품을 가지고 들어갈 수 없도록 규정하고 있다.

다만 경호업무, 범죄인 호송업무 등 대통령령으로 정하는 특정한 직무를 수행하기 위하여 항공보안법 시행령 제18조의2(특정 직무의 수행) 규정에 따라 "경호업무, 범죄인 호송업무 등 대통령령으로 정하는 특정한 직무"란 다음 각 호의 업무를 말한다.

(1)「대통령 등의 경호에 관한 법률」에 따른 경호업무

(2)「경찰관 직무집행법」에 따른 요인경호업무

(3) 외국정부의 중요 인물을 경호하는 해당 정부의 경호업무

(4) 법 제24조에 따른 호송대상자에 대한 호송업무

(5) 항공기 내의 불법방해행위를 방지하는 항공기내보안요원의 업무

항공보안법 시행령 제19조(기내 반입무기)에서 "대통령령으로 정하는 무기"란 다음과 같은 무기를 말한다.

(1)「총포·도검·화약류 등의 안전관리에 관한 법률 시행령」제3조에 따른 권총

(2)「총포·도검·화약류 등의 안전관리에 관한 법률 시행령」제6조의2에 따른 분사기

(3)「총포·도검·화약류 등의 안전관리에 관한 법률 시행령」제6조의3에 따른 전자충격기

(4) 국제협약 또는 외국정부와의 합의서에 의하여 휴대가 허용되는 무기

2. 항공기내 무기반입규정

항공기에 무기를 가지고 들어가려는 사람은 탑승 전에 이를 해당 항공기의 기장에게 보관하게 하고 목적지에 도착한 후 반환받아야 한다. 다만, 항공보안법 제14조 제2항에 따라 항공기 내에 탑승한 항공기내 보안요원은 업무수행을 위해 무기를 휴대하고 탑승할 수 있다.

항공기 내에 무기를 반입하고 입국하려는 항공보안에 관한 업무를 수행하는 외국인 또는 외국국적 항공운송사업자는 항공기 출발 전에 국토교통부장관으로부터 미리 허가를 받아야 한다.

항공기 내 무기 반입 허가절차 등에 관하여 필요한 사항은 항공보안법 시행규칙 제12조의2(기내 무기 반입 허가절차)에 규정되어 있으며 항공기 내에 무기를 가지고 들어가려는 사람은 항공기 탑승 최소 3일 전에 다음의 사항을 지방항공청장에게 신청하여야 한다. 다만, 긴급한 경호 업무 및 범죄인 호송업무는 탑승 전까지 그 사실을 유선 등으로 미리 통보하여야 하고, 항공기 탑승 후 3일 이내에 서면으로 제출하여야 한다.

(1) 무기 반입자의 성명
(2) 무기 반입자의 주민등록번호
(3) 무기 반입자의 여권번호(외국인만 해당한다)
(4) 항공기의 탑승일자 및 편명
(5) 무기 반입 사유
(6) 무기의 종류 및 수량
(7) 그 밖에 기내 무기반입에 필요한 사항

지방항공청장은 항공기 내 무기 반입의 허가 신청을 받은 경우 시행령 제18조의2에 따른 특정한 직무인 경찰관 직무집행법에 따른 요인경호 업무에 해당하고 시행령 제19조에서 정한 "대통령령으로 정하는 무기"의 종류에 적합한 경우에는 허가하여야 하며 항공기 내 무기 반입을 허가한 경우에는 이를 관련기관에 통보하여야 한다.

외국국적 항공기 내에 무기를 반입하여 우리나라로 운항하는 경우에도 국내 규정을 준용하여야 한다.

3. 항공기 내 반입금지 위해물품

물품명	객실 반입	위탁 수하물 반입	비 고
1 무기류 ※ 도검·무술호신용품·총기 등 무기류는 객실 반입금지, 위탁수하물 반입가능			
1. 도검류 가. 무술용 검, 펜싱용 검, 칼이 든 지팡이 등 검류  나. 부엌칼, 과도, 다용도칼, 사냥칼  다. 접이식칼, 맥가이버칼, 박스커터칼, 학용품용 칼  라. 면도칼, 외과용 메스, 식사용 나이프 등 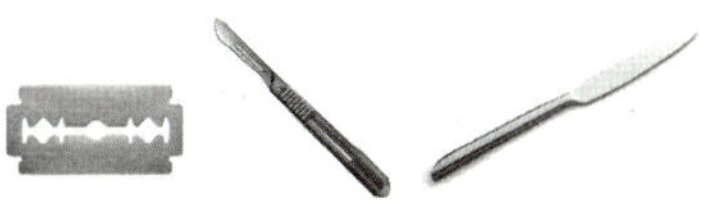	X	O	단, 플라스틱 칼, 둥근 날을 가진 버터칼, 안전날이 포함된 면도기, 안전면도날, 전기면도기 및 기내식 전용 나이프(항공사 소유에 한함)는 객실 반입가능 

물품명	객실 반입	위탁 수하물 반입	비 고
2. 창류 가. 창, 작살, 작살총, 표창  나. 송곳날이 있는 다트, 새총, 투석기 등 	X	O	
3. 무술 · 격투용 무기류 (쌍절곤, 손가락에 끼워 공격하는 무기, 열쇠고리형 호신무기 등) 	X	O	
4. 곤봉 · 경찰봉 등 곤봉류 및 수갑류 	X	O	단, 범죄인 호송 등 공무 목적의 수갑류는 객실 반입가능
5. 호신용 스프레이류 (후추 · 고추 · 산성스프레이, 야생동물 퇴치용 스프레이 등) 	X	O	단, 위탁수하물로 반입할 경우, 1인당 1개(100ml이하)까지만 가능

물품명	객실 반입	위탁 수하물 반입	비 고
6. 총기류 (권총, 연발권총, 엽총, 소총, 산탄총, BB총, 압축공기총, 라이플총, 볼베어링총 등)   	X	O	단, 위탁수하물로 반입할 경우, 해당 항공운송사업자에게 총기소지허가서 또는 수출입허가서 등 관련서류를 확인시키고, 총알과 분리한 후, 단단한 보관함에 넣은 경우에만 가능
7. 전자충격기(stun gun), 테이저건  	X	O	
8. 총기류 부품 	X	O	단, 총기류 부품 중 조준경은 객실 및 위탁수하물 반입가능
9. 발광/화염 신호총(flare gun), 출발 신호용 총(starter pistole)   	X	O	
10. 복제·모의 총기류 및 장난감 총  	X	O	

물품명	객실 반입	위탁 수하물 반입	비 고
11. 총알 (실탄, 공포탄 등) 	X	O	단, 위탁수하물로 반입할 경우, 해당 항공운송사업자의 승인이 필요하며, 「항공위험물 운송기술기준」(국토교통부 고시)에 적합한 경우에만 가능
2 폭발물류 ※ 폭발물류는 객실 및 위탁수하물 모두 반입금지			
1. 폭발물, 폭발장치 가. 다이너마이트, 수류탄, 지뢰 등 나. 뇌관(blasting caps), 기폭장치류(denotes), 신관, 도화선(fuses), 발파캡, 격발뇌관(percussion cap) 다. 화약류  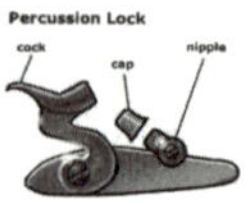  라. 복제 · 모의 폭발물 또는 폭발장치 등 	X	X	
2. 불꽃·화염류 및 폭죽류 가. 조명탄, 신호탄, 화염탄 등 	X	X	

물품명	객실 반입	위탁 수하물 반입	비 고
나. 불꽃놀이 및 장남감용 폭죽  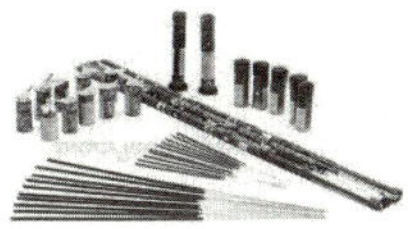 다. 폭죽소리가 나는 장난감 총 등 			
3. 연막탄(smoke grenade) 및 연기를 발생시키는 캔이나 카트리지  	X	X	
3 **공구 및 생활용품류** ※ 흉기로 사용될 수 있는 공구류는 객실 반입금지, 위탁수하물 반입가능			
1. 공구류 가. 도끼, 손도끼, 얼음도끼, 망치, 장도리, 쇠지레   	X	O	
나. 산업용 못총·볼트총, 송곳, 얼음송곳, 휴대용 전동톱 등 톱류, 전동드릴 등 드릴류	X	O	

물품명	객실 반입	위탁 수하물 반입	비 고
 다. 총길이 10㎝를 초과하는 렌치, 스패너, 펜치, 프라이어류 	X	O	
라. 날·심·끌의 길이가 6㎝를 초과하는 스크루드라이버, 드릴심, 끌, 정 및 가위류(조경용 가위 포함) 	X	O	
2. 전자충격용 봉 등 가축몰이용 봉 또는 막대, 동물도축용·살상용 도구 	X	O	
3. 휴대용 일반 소형 배터리 	O	O	
4. 리튬배터리 또는 리튬이온배터리가 포함된 개인용 휴대 전자장비	O	O	

물품명	객실 반입	위탁 수하물 반입	비 고
(시계, 계산기, 카메라, 캠코더, 휴대폰, 노트북컴퓨터, MP3 등)  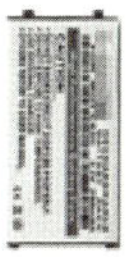 			
5. 일반 생활도구류 가. 금속제 포크·젓가락·숟가락 나. 끝이 둥근 금속제 병따개, 와인용 코르크 따개    다. 요리용 다지기, 감자칼, 무채칼, 믹스기 칼날    라. 손톱깍이, 손톱 줄, 족집게, 눈썹정리용 칼, 손톱정리용 가위    마. 대바늘, 코바늘, 바느질용 바늘 바. 제도용 콤파스 등	O	O	

물품명	객실 반입	위탁 수하물 반입	비 고
 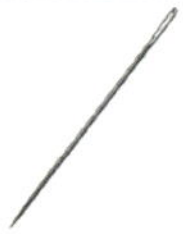 			
6. 액체·분무·겔 형태의 위생용품, 욕실 용품 또는 의약품류 (화장품, 향수, 매니큐어, 매니큐어 리무버, 헤어스프레이, 헤어무스, 헤어젤, 염색약, 퍼머약, 방향제, 냄새제거제, 면도크림, 샴푸, 린스, 샤워젤, 치약, 콘택트렌즈용액, 몸에 뿌리는 벌레 기피제, 소염제, 의료용 소독 알콜, 내복약, 외용연고 등)     	O	O	단, 객실 반입(국제선에 한함)할 경우, 개별 용기당 100ml 이하로 1인당 1L 비닐지퍼백 1개에 한해 반입이 가능하며, 의약품인 경우에는 의사 처방전 등 관련 증명서를 보안검색요원에게 제시하고 적정하다고 판단될 경우 비행중 필요한 용량에 한해 객실 반입가능 위탁수하물(국제선에 한함)로 반입할 경우에는, 개별 용기당 500ml(0.5kg)이하로 1인당 2kg(2L) 이하까지만 가능
4 스포츠 및 레저용품류 ※ 무기로 사용될 수 있는 스포츠용품은 객실 반입금지, 위탁수하물 반입가능			
1. 방망이, 노, 봉, 검, 날, 촉 형태의 스포츠 장비 가. 야구·소프트볼·크리켓* 등 배트류 나. 카약·카누·보트 등 노류   	X	O	단, 테니스·배드민턴·스쿼시·탁구 등 라켓류 및 인라인스케이트, 스케이트보드는 객실 반입 가능

물품명	객실 반입	위탁 수하물 반입	비 고
다. 하키·라코르스** 등 스틱류 라. 골프채, 당구큐 등  마. 목검류, 볼링공, 아령 등 바. 빙상용 스케이트  사. 활, 화살, 양궁, 석궁, 국궁 등 활류 			
2. 공기가 1/30이상 주입된 축구공 등 스포츠용 공류 및 풍선류 	X	X	단, 공기가 주입되지 않는 야구공·골프공 등의 경우 객실 또는 위탁수하물 반입 가능
3. 등산 장비 (등산용 스틱, 텐트 폴, 등반용 못, 고리, 아이젠 등) 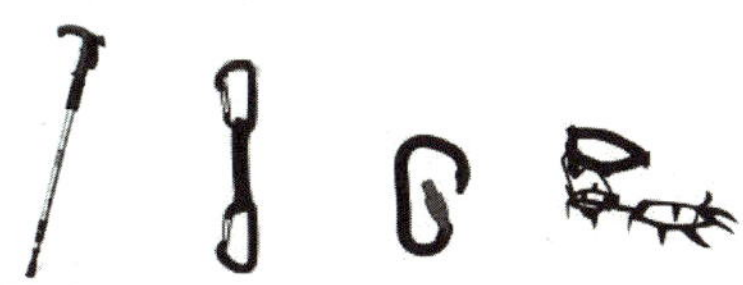	O	O	단, 산악용 망치는 객실 반입 금지, 위탁수하물 반입가능 

물품명	객실 반입	위탁 수하물 반입	비 고
5 **의료 · 구조용 물품** ※ 의료용 물품은 객실 및 위탁수하물 모두 반입가능하나, 일부 위험가능 물품은 제한될 수 있음			
1. 주사바늘, 한방용 침류, 수지침  	O	O	
2. 소형 의료용 수은체온계  	O	O	단, 객실 또는 위탁수하물로 반입할 경우, 보호케이스에 담은 경우에만 가능
3. 보행 보조도구 가. 노약자 · 장애인 · 환자가 사용하는 지팡이, 목발 등  	O	O	
나. 노약자 · 장애인 · 환자 · 유아가 사용하는 휠체어, 유모차 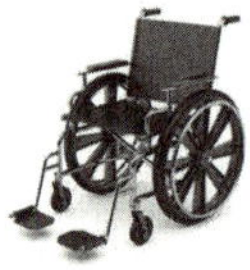 	O	O	단, 휠체어 및 유모차를 객실에 반입할 경우, 해당 항공운송사업자의 승인이 필요

물품명	객실 반입	위탁 수하물 반입	비 고
다. 인공수족에 포함된 비인화성 가스 실린더(여행기간 동안 필요한 여분의 실린더 포함) 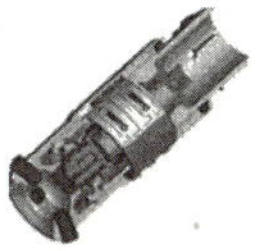 	O	O	단, 객실 또는 위탁수하물로 반입할 경우, 해당 항공운송사업자의 승인이 필요
라. 장애인·노약자·환자가 사용하는 전동휠체어 또는 전동이동보조기구(배터리 포함) 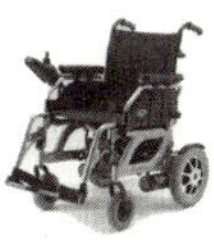  	X	O	단, 위탁수하물로 반입할 경우, 해당 항공운송사업자의 승인이 필요하며, 「항공위험물 운송기술기준」(국토교통부 고시)에 적합한 경우에만 가능
4. 휴대용 전자의료장비 (자동제세동기, 인공호흡기, 호흡기 치료기, 천식용 호흡기 등)  	O	O	단, 여분 배터리는 위탁수하물로 반입이 금지되며, 보관함에 안전하게 넣은 경우에 한해 2개까지만 객실반입 가능
5. 인체에 이식된 인공심박기, 이식 전자의료장치  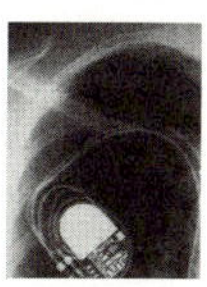	O	–	

물품명	객실 반입	위탁 수하물 반입	비 고
6. 의료용으로 사용되는 5kg이하의 소형 산소통 또는 공기실린더 	O	O	단, 객실 또는 위탁수하물로 반입할 경우, 해당 항공운송사업자의 승인이 필요하며, 「항공위험물 운송기술기준」(국토교통부 고시)에 적합한 경우에만 가능
7. 구명조끼에 포함된 비인화성·무독성 이산화탄소가스 실린더 1쌍(여분 실린더 1쌍 포함)  	O	O	
8. 눈사태용 구조배낭(1인당 1개) 	O	O	
6 **기타 인화성 · 화학성 · 유독성 물질** ※ 인화성물질 등은 원칙상 객실 및 위탁수하물 반입이 모두 금지되나, 『항공위험물 운송기술기준』(국토교통부 고시)에서 정한 안전요건을 충족하는 경우에 한해 가능			
1. 성냥 또는 라이터 가. 소형 안전성냥(safety match) (1인당 1개) 	O	X	단, 객실 반입할 경우, 자체발화 방지를 위하여 여행용가방 등에 보관하지 말고 직접 소지할 것

물품명	객실 반입	위탁 수하물 반입	비 고
나. 딱성냥(마찰성냥) (strike anywhere match), 대형 곽성냥 * 아무데나 마찰시 발화되는 성냥 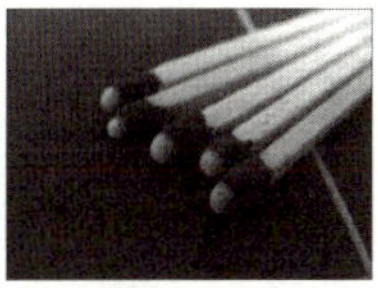 	X	X	
다. 휴대용 담배라이터(1인당 1개)  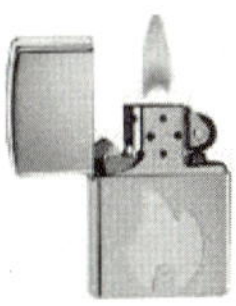	O	X	단, 객실 반입할 경우, 자체발화 방지를 위하여 여행용가방 등에 보관하지 말고 직접 소지할 것 단, 선물용으로 포장되고 연료가 포함되어 있지 않은 라이터의 경우에는 위탁수하물로 반입가능
라. 총기모양 라이터 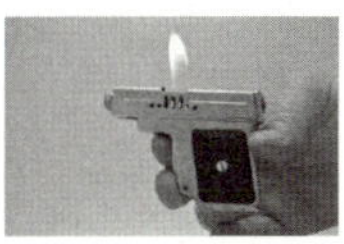 	X	O	단, 위탁수하물로 반입할 경우, 선물용으로 포장되고 연료가 포함되어 있지 않은 라이터에 한해 가능
마. 토치 라이터 및 비흡수성 액체 연료로 작동하는 담배라이터 	X	X	

<table>
<tr><th>물품명</th><th>객실
반입</th><th>위탁
수하물
반입</th><th>비 고</th></tr>
<tr><td>2. 인화성 가스·인화성 액체
가. 부탄가스, 프로판가스, 탄화수소 카트리지, 석유, 휘발유, 등유, 경유, 에탄올, 라이터 연료 등

나. 스프레이페인트, 인화성페인트, 인화성 광택도료, 페인트시너(Paint Thinner), 테레빈유(Turpentine) 등

다. 인화성 살충제, 인화성 다리미풀 등

</td><td>X</td><td>X</td><td></td></tr>
</table>

물품명	객실 반입	위탁 수하물 반입	비 고
3. 탄화수소가스(Hydrocarbon gas)로 작동하는 헤어컬 (1인당 1개) 	O	O	단, 가열부분에 안전커버가 씌워져 있는 경우에만 반입 가능하며, 여분의 가스리필은 객실 및 위탁수하물 반입이 모두 금지 
4. 자체적으로 연소·불꽃·폭발이 일어날 수 있는 물질	X	X	
5. 강한 열을 발생시키는 배터리로 작동하는 납땜장치(납땜인두), 수중랜턴(수중다이빙용 램프) 	O	X	단, 객실 반입할 경우, 반드시 배터리와 분리할 것
6. 기상용 수은기압계 및 수은온도계  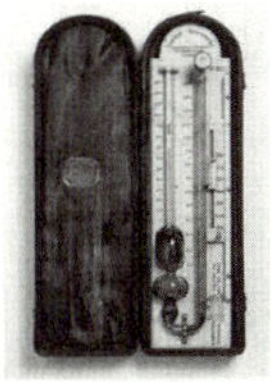	O	X	단, 공공용 목적으로 사용되는 물품으로 해당 항공운송사업자의 승인을 받고, 수은이 유출되지 않도록 내부가 봉인된 단단한 보관함에 담은 경우에만 객실반입 가능
7. 알코올성 음료 가. 70도(%) 이상의 알코올성 음료 나. 24도(%) 이상 70도(%)미만 알코올성 음료 (1인당 5 L에 한함) 다. 24도(%) 미만 알코올성 음료	X O	X O	
8. 최루가스(tear gas)	X	X	
9. 독극물 · 취약 · 농약 등 독성물질	X	X	
10. 방사능 물질 (의료용 · 상업용 동위원소)	X	X	

물품명	객실 반입	위탁 수하물 반입	비 고
11. 부식성, 표백성, 산화성 물질 (염소, 표백제, 산화제, 수은, 하수구 청소제제 등)	X	X	
12. 전염성·생물학적 위험물질	X	X	
13. 소화기 	X	X	
14. 드라이아이스 (1인당 2.5kg) 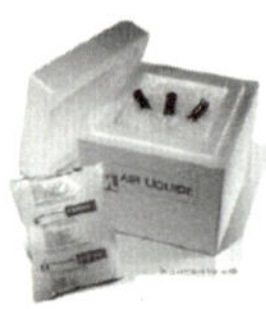	O	O	단, 객실 또는 위탁수하물로 반입할 경우, 해당 항공운송사업자의 승인이 필요하며, 「항공위험물운송기술기준」(국토교통부 고시)에 적합한 경우에만 가능

(1) 상기 별표에서 정하지 아니한 물품 또는 반입을 허용하는 물품이더라도 해당 공항의 보안검색감독자 또는 항공운송사업자가 항공기 안전 및 승객·승무원에게 위해를 줄 수 있다고 판단하는 경우에는 항공기 내 반입을 금지할 수 있다.

(2) 상기 별표에서 정한 물품 중 (국토교통부 고시)「항공위험물 운송기술기준」제210조에서 정한 위험물에 대해서는 해당 고시에서 정한 방식에 따라 반입·운송하여야 하며, 그 외의 항공위험물에 대해서는 해당 고시에 따라 객실 또는 위탁수하물로 반입해서는 아니된다.

(3) 항공기 내로 반입코자 하는 물질이 화학성·유독성 물질인 경우에는

승객이 「산업안전보건법」에 따른 물질안전보건자료를 해당 항공운송사업자에게 제시하고 안전한 물질로 판단되는 경우에 한해 위탁수하물로 반입이 가능하다.

(4) 국제선 항공기 객실 내에 반입되는 액체 · 분무 · 겔류의 경우에는 「액체 · 분무 · 겔류 등 항공기내 휴대반입금지 물질 운영기준」(국토교통부 고시)에서 정한 기준에 적합한 경우에만 객실반입이 가능하다.

4. 항공기 내 반입되는 액체·분무·겔류 규정

(1) 관련규정

항공보안법 제14조(승객의 안전 및 항공기의 보안)에 따라 공항운영자 및 항공운송사업자는 액체, 겔(gel)류 등 국토교통부장관이 정하여 고시(액체 · 분무 · 겔류[4] 등 항공기내 휴대 반입 금지물질 운영기준)하는 항공기 내 반입금지 물질이 보안검색이 완료된 구역과 항공기 내에 반입되지 아니하도록 조치하여야 한다.

「액체 · 분무 · 겔류 등 항공기내 휴대 반입 금지물질 운영기준」 국토교통부 고시는 액체 · 분무 · 겔류 등 항공기내 휴대반입금지물질을 정하여 액체폭발물에 의한 항공 불법간섭행위로부터 항공기를 이용하는 자의 생명과 재산을 보호하기 위함을 목적으로 하고 있다.

(2) 적용범위 및 면제규정

이 지침은 대한민국 내에 위치한 공항에서 출발하는 모든 국제선 여객항공편 또는 통과 및 환승 항공기를 이용하여 여행하는 승객이 휴대운반하는 LAGs에 대하여 적용한다.

---

4) 액체 · 분무 · 겔류는 Liquids, Aerosols and Gels를 말하며, 약어로 'LAGs'라 한다.

보호구역 및 항공기로 출입하는 공항근무자의 개인용품(음료, 향수, 화장품, 의료품 및 비슷한 용품)은 국가항공보안우발계획에 의한 항공보안등급이 상향조정되거나 테러발생 위협이 고조되는 경우 등 필요시 승객에 대한 보안통제와 동일하게 적용한다. 다만, 공항근무자가 직무를 수행하기 위해 합법적으로 소지한 LAGs 용품(청소제재, 실란트, 위생제, 접착제, 페인트 및 오일 등)은 보안통제에서 제외된다.

다음 각 항에 대해서는 제5조에 의한 LAGs 보안통제 적용을 면제한다.

① 비행근무시간(flight duty period)동안 항공기 운항에 필수적인 업무를 수행하기 위하여 책임이 부여된 자격증명을 갖춘 운항승무원이 소지한 LAGs

② 승객이 휴대한 의약품 및 특별 식이처방음식

③ 보호구역 및 항공기로 출입하는 공항근무자가 휴대한 LAGs

④ 위기대응임무를 수행하는 요원이 휴대한 LAGs

(3) LAGs 보안검색통제

승객이 항공기를 이용하여 여행하고자 LAGs를 휴대하고 보안검색대를 통과하기 위해서는 다음의 각 호를 준수하여야 하며, 그 통제대상 물품은 별표 1의1과 같다.

1) 모든 LAGs는 용량이 100㎖ 또는 이와 동등한 용량(3.4온스, 100그램)을 초과하지 않는 용기에 담아야 한다.

2) 100㎖를 초과하는 용기에 일부 분량의 LAGs를 담아서 운반할 수 없다. 단, 100㎖를 초과하는 빈 용기는 반입할 수 있다.

3) 모든 LAGs 용기는 최대 용량이 1리터(20.5㎝ x 20.5㎝, 25㎝ x 15㎝ 또는 이와 동등한 크기)를 초과하지 않는 투명하고 개폐가 가능한 플라스틱 봉투에 담겨져야 하며, 용기들은 이 봉투가 완전하게 닫힐 수 있는 정도의 분량이어야 한다.

[별표 1의1]

항공기 객실내 휴대반입금지 LAGs 물품(제5조 관련)

분 류	반입금지 물질 예시
물 등 음료수 water and other drinks	생수, 과실음료(야채주스 등), 청량음료(콜라·사이다 등), 홍차음료, 커피, 유산균음료, 스포츠용 음료, 식초음료, 알코올음료(소주 · 청주 · 맥주 · 위스키 · 한방술 등), 유제품(탈지유 · 농축우유, 요구르트 등), 얼음류(아이스크림, 빙과류) 등
국 종류(스프류) soups	곰탕, 설렁탕, 다시마국물 등
시럽류 syrups	꿀, 물엿, 시럽, 엑기스 등
잼류 jams	스프레드 류(잼, 땅콩버터, 초코스프레드 등), 버터류
스튜류(국물류) stews	통조림 등
소스류 sauces	각종 장류(된장, 고추장 등), 케찹, 마요네즈 등
반죽(풀)류 pastes	도우(dough) 등
소스 또는 액체가 포함된 음식류 foods in sauces or containing a high liquid content	김치류, 액체절임 고기류, 액젓류 등
크림류 creams	약용크림, 연고, 보습크림, 화장클렌징크림, 액체형 구두약, 구두크림 등
로션류 lotions	밀크로션, 스킨로션, 바디로션, 자외선차단로션, 화장수, 액체비누 등
화장품류 cosmetics	액상파운데이션, 매니큐어, 매니큐어제거제 등
오일류 oils	식용류, 올리브유, 쇼트닝 등
향수류 perfumes	샤워코롱, 향수 등

분 류	반입금지 물질 예시
분무류 sprays	헤어스프레이, 페이셜미스트 등 스프레이류
겔류 gels including hair and shower gels	샴푸, 린스, 트리트먼트, 헤어젤, 샤워젤 등
압력용기품목 contents of pressurized containers, including shaving foam	면도크림(폼), 세안폼 등
탈취제류 other foam and deodorants	신체냄새제거제, 액상제균제 등
치약류 pastes including toothpaste	구강세정제, 구강청정제 등
액체혼합 물질 liquid-solid mixtures	한방건강식품류(십전대보탕 등), 먹물, 물감, 물감, 만년필잉크 등
마스카라 mascara	액체 마스카라, 액상 아이라이너 등
립글로스/립밤 lip gloss/lip balm	립글로스, 립밤, 젤타입 립스틱 등
실내온도에서 액체류 상태를 유지하는 모든 물질 any item of similar consistency at room temperatures	반입금지 LAGs로 의심되는 모든 물질 포함

※ 비고

1. 목록별 통제물품예시는 대표물품만을 수록하였으므로 유사한 물품 및 의심되는 물품은 통제 대상물품에 포함될 수 있음
2. 다음의 경우 항공보안검색감독자가 판단하여 반입을 제한할 수 있다.
   1) 용기에 담겨있지 아니하면 형태를 유지하기 곤란한 물질
   2) 내용물 또는 용량을 확인할 수 없는 물질
   3) 휴대 반입금지 LAGs 물질과 유사한 특성을 보이는 물질
   4) 위해(危害) 가능성이 있는 것으로 의심되는 물질

4) 제5조제1항제3호의 플라스틱 봉투는 승객 1명당 1개만 휴대할 수 있다.

환승하거나 통과하는 승객이 휴대한 LAGs는 다음 각 호 이외에는 보안검색대를 통과할 수 없다.

1) LAGs 물품 상용공급자가 판매한 LAGs를 액체류보안봉투[5](구매영수증 포함)에 넣어 운반하는 경우
2) LAGs 물품 상용공급자가 판매한 LAGs를 유사봉투(구매영수증 포함)에 넣어 운반하고, 환승공항에서 액체폭발물 탐지장비를 사용하여 검색을 완료한 경우

상기 규정에 의하여 허용되지 아니하는 LAGs에 대하여 승객이 휴대하기를 포기한 물품은 「국가항공보안계획」 승객 포기물품 처리절차에 따라 처리한다. 다만, 보안검색요원은 액체류 보안봉투 또는 유사봉투를 사용하지 아니한 LAGs를 휴대한 승객이 LAGs를 포기하지 아니한 경우 동 승객이 보안검색대(통과 또는 환승 포함)를 통과하도록 허용하여서는 아니된다.

액체류보안봉투 또는 유사봉투를 사용하지 아니한 LAGs를 휴대한 환승·통과승객이 보안검색대를 통과하는 경우 이를 액체폭탄으로 사용될 수 있는 물품으로 판단하여 압수하고 보안검색감독자 또는 보안검색요원이 현장에서 신속하게 폐기한다.

---

5) 액체류보안봉투(Security Temper-Evident Bag, STEB)라 함은 ICAO 기술기준에 따라 만든 보안봉투를 말한다.

(4) LAGs 보안검색통제 제외품목

보안검색통제 예외 대상품목 및 허용기준은 별표 1의2와 같으며 LAGs를 휴대하고자 하는 승객은 다음의 각 호를 충족하여야 한다.

1) LAGs는 플라스틱 봉투를 이용하지 아니하고도 비행여정 동안 필요한 양만큼은 허용된다. 다만, 필요한 양에 대한 판단을 위해 승객은 보안검색요원에게 제외대상 품목과 관련된 증빙서를 제시하여야 한다.

2) 보안검색요원이 보안검색대에서 승객이 소지한 LAGs를 통과 또는 압수 조치할 판단절차는 다음과 같다.

① 비행여정

㉮ 승객의 비행여정을 참고하여야 한다.

㉯ 보안검색요원은 비행여정 중 필요한 의약품의 용량 등을 확인하기 위해 승객에게 약의 종류, 비행중 복용 필요성, 투약횟수 등을 질의하고, 적절하지 않은 경우 보안검색대를 통과하게 허용해서는 안된다.

② 의약품

㉮ 의사처방을 받은 의약품 및 약국에서 구매한 의약품을 포함한다.

㉯ 의사처방전 없이 판매되는 의약품(비강스프레이, 감기약, 콘택트렌즈용액 등)을 대상으로 LAGs 보안통제를 면제하는 경우 더욱 신중하여야 한다.

㉰ 의약품이 아니더라도 의료목적으로 사용되는 LAGs로서 얼음(예; 이식장기 보관용), 혈액 및 혈액제제, 물티슈, 자폐증 환자용 음료 등은 허용된다.

[별표 1의2]

항공기 객실내 휴대반입금지 LAGs 제외물품(제6조 관련)

예외대상 품목		예외대상 물품 예시	허용기준
의약품	처방 약품	의사처방전 있는 모든 약품	제6조제2항에 따라 허용
	시판 약품	액상 감기약, 액상 위장약, 기침억제시럽, 젤 캅셀약, 비강스프레이, 콘택트렌즈용제(보존액), 해열파스, 안약, 의료용 식염수 등	
비 의약품		변질방지 등 의료목적으로 사용되는 얼음, 얼음팩, 젤팩 (이식용 장기 보관용), 혈액 또는 혈액제제, 물티슈, 자폐증 환자용 음료	
특별 식이처방음식		승객의 건강에 꼭 필요한 음식	
어린아이 용품		우유, 물, 주스, 모유, 액체·겔·죽 형태의 음식 및 물티슈 등	

(5) 특별 식이처방음식

특별 식이처방음식은 승객의 건강에 꼭 필요한 음식임을 확인하고 허용하여야 하며, 어린아이를 동반한 승객이 휴대한 어린아이의 용품(우유, 물, 주스, 액체·겔·죽 형태의 음식 및 물티슈 등)은 허용된다. 다만, 비행여정을 초과하는 분량은 보안검색대를 통과할 수 없다.

(6) 출처증명(처방전 등)

1) 승객은 LAGs 보안통제 예외 대상품목에 대한 증빙서류를 제시하여야 한다.
2) 의사처방전 없이 판매되는 의약품은 비행여정에 필요한 적절량으로 제한한다.
3) 의사가 처방한 의약품의 경우 승객 본인이 사용하기 위한 것임을 확

인할 수 있어야 한다. 의약상품명 또는 의사소견서에 승객의 이름이 표기되어 있어야 하고 탑승권상의 승객 이름과 일치하여야 한다.

4) 보안검색요원은 승객이 운반하는 LAGs의 용량이나 의약품 또는 특별 식이처방음식이 의심스러운 경우 진위여부 확인을 위해 승객에게 복용하거나 승객 피부에 바르도록 요구할 수 있다.

5) 단, 진위여부 확인시 다음과 같은 사항에 유념해야 한다.

가) 해당 의약품을 복용하는 것이 승객에게 위험할 수 있다는 의사 권고가 있는 경우 복용하게 하여서는 아니 된다.

나) 승객이 원하지 않을 경우 의약품 복용을 요구 하여서는 아니 된다.

다) 승객에게 동반 유아의 의약품을 복용하도록 요구하여서는 안되며, 질문을 통해 확인한다.

라) 승객의 피부에 바르도록 요구한 경우 최소 2분 동안 피부의 변화증상을 관찰해야 한다.

(7) 승객이 자신의 의약품에 대해서 민감할 수 있으므로 의약품 검색시 주의해야 한다. 보안검색 결과 의심스러운 LAGs는 보안검색대를 통과할 수 없으며, 승객이 해당 LAGs가 반드시 필요하다고 주장하는 경우 항공여행을 중단토록 권고하여야 한다.

보안청정구역에서 구매 또는 취득한 뚜껑이 있는 음료수는 항공기내로 반입할 수 있다. 단, 커피·차 등 뜨거운 음료수는 제외한다.

4. STEB 기술기준

STEB는 별표 2 및 별표 4에서 정한 기준과 같거나 그 이상으로 제조되어야 하며, 부득이 봉투에 각 공항, 판매자, 고유 브랜드 또는 로고를 사용하고자 하는 경우에는 봉투안의 영수증 및 물품의 확인이 용이하도록 제조된 STEB이어야 한다.

[별표 2]

STEB의 기술기준 (제7조·제8조 관련)

1. 사용되는 재질
 - 투명한 고강도저밀도 폴리에틸렌(LDPE) 또는 동등한 것
 - 재활용 및 가능한 환경 친화적 일 것
 - 두께는 최소 50마이크론이어야 하고 크기는 사용에 적합할 것
2. STEB의 상부 앞면
2.1. 입구부분(봉합) :
 - 적색의 훼손사실증명확인 테이프의 최소넓이는 30mm, 떼어내는 라이너의 최소넓이는 40mm
 - 자체 부착력이 우수할 것
 - 훼손시 일관된 보안장치 또는 숨겨진 그래픽이 표시될 것
2.2. 테두리 - 경계부분 :
 - 양면과 하단에는 두께 15mm이상넓이 적색 밀착
 - 글씨크기는 5mm의 "DO NOT OPEN"표기와 함께 공항명칭, 또는 연속적인 어떠한 메시지 또는 디자인으로 봉투테두리 경계를 표기하여도 됨.
 (선택사양 - 경계부분이 훼손된 사실을 나타내는 일관된 보안장치 또는 숨겨진 그래픽)

2.3. 메시지
 - STEB 중앙에 녹색의 보안표시
 - 하단에 적색상자(BOX) 안에 "Do not open until final destination-contents may be confiscated if bag is tampered with"표기하고 동 내용 한글 첨부
 ※ Do not open until final destination-contents may be confiscated if bag is tampered with(최종 목적지까지 절대 열지 말 것 - 용품들은 봉투가 훼손되었다면 압수되어도 좋음)
2.4. 확인/식별 표식
 - 영수증 보관 : STEB 좌측 상단에 영수증 보관위치 적색기준선을 표시한 장소에 영수증 부착(선택사양 : 영수증 보관주머니를 봉투 내부에 제작)
 - 영수증은 다음 사항을 포함하여야 한다.
 a) 구입일자 (dd/mm/yy or dd/mm/yyyy)
 b) 국제코드를 사용한 구입 장소(국가, 공항, 항공사)
 c) 항공편명 및 승객성명
 d) STEB안에 구입된 물품 및 장소의 수량과 목록(영문기록 포함)
2.5. 봉투의 출처
 - 승객에게 제공되는 STEB 출발국가 3문자 기호, 또는 STEB의 출발점을 알기 위한 항공사 국제기호(기내 면세 판매용)
 - 제조사명(ICAO 등록기호), 상품목록 기호(판매상점업체), 보안코드 또는 판매자 및 상점의 STEB 보호를 위한 상품인식기호 표시
3. 봉투 뒷면에는 각 공항, 판매자, 고유 브랜드 또는 로고 사용 가능

STEB를 제조한 제조사는 대한민국 기호('KOR'로 한다) 또는 항공운송사업자 명(ICAO 등록기호) 및 제조사 명(ICAO 등록기호)을 표시하여야 한다.

'STEB 상용공급자'로 지정받은 자만이 STEB을 제조하거나 공급할 수 있다.

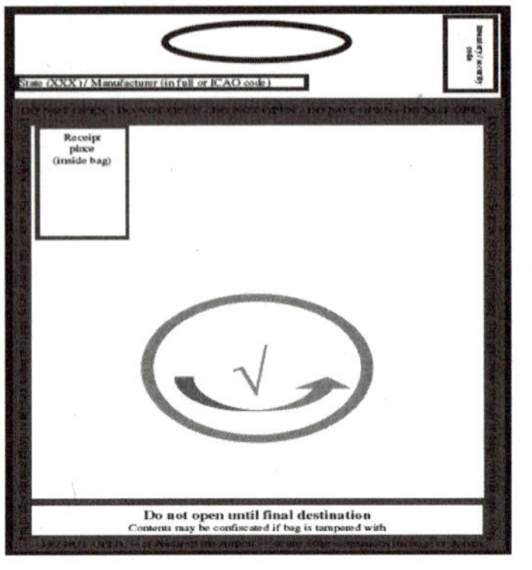

[별표 4]

STEB 인증 기준(제9조 관련)

시험항목			인증기준	시험결과
재질	재질		투명한 고강도저밀고 폴리에틸렌(LDPE) 또는 동등한 재질	
	광선 투과율		80%이상	
	두께		0.05mm 이상	
봉합부	적색테이프의 넓이		30mm 이상	
	떼어내는 라이너의 넓이		40mm 이상	
	봉합테이프의 접착강도		7N/㎠이상	
	보안장치		훼손시에 나타나는 숨겨진 그래픽	
테두리	적색 접착부	옆면접착부	15mm 이상	
		하단접착부	15mm 이상	
	글씨크기		5mm 이상	
보안표시 (happy face) 	위치		STEB의 중앙	
	크기		STEB 넓이의 30%~ 33%	

STEB에 국제적으로 사용되는 기호의 표시는 승객에게 제공된 STEB의 출발지 국가를 파악하기 위한 국가기호가 표시되며, 항공기내 면세품 판매에 대한 출발점을 파악하기 위하여 항공사 ICAO 등록기호가 표시된다.

STEB에는 생산품목 나열기호(inventory code)와 보안기호(security code) 또는 판매자와 상점의 STEB보호를 위한 STEB의 상품인식기호(bar code)가 표시된다.

제조된 STEB는 공인된 인증기관으로부터 기술기준에 관하여 인증되어야 한다.

5. STEB 사용기준

STEB안에는 보안검색을 용이하게 하기위해서 공항판매상점에서 구매한 LAGs 및 출발지 이후 비행여정의 단계(환승, 통과 포함)에서 보안검색 대상이 될 수 있는 LAGs만을 넣는 것을 원칙으로 한다.

통제품목에 해당되지 않는 다른 물품은 일반봉투에 넣어져 있어야 하나, STEB안에 넣어져 있다면, 비행여정 동안 보안검색대에서 수행되는 육안검색을 곤란하게 하여서는 아니 된다.

공항판매상점 또는 항공사 기내판매점에서 구입되지 아니한 물품을 STEB안에 넣어서는 아니 된다.

LAGs물품을 구입한 영수증은 STEB안(봉투안쪽 주머니 또는 고정)에 있어야 하며, 보안검색요원이 확인할 수 있어야 한다. 만일 보안검색시 영수증이 떨어져 있고 볼 수 없다면 봉투는 개봉되어야 하며, 그 물품은 제5조 제5항의 규정에 의하여 처리하거나 보안검색요원에 의해 개봉된 봉투와 함께 새로운 STEB에 넣어 처리할 수 있다.

STEB에 의하여 LAGs통제 물품을 휴대하고 항공기를 이용하여 여행하는 승객 등은 최종 목적지 도착까지 STEB를 훼손하여서는 아니 된다.

승객이 휴대한 STEB가 훼손된 사실이 확인된 경우 STEB에 「Do not open until final destination-contents may be confiscated if bag is tampered with(최종 목적지까지 절대 열지 말 것 - 물품들은 봉투가 훼손되었다면 압수되어도 좋음)」의 글씨가 있을 때에는 승객에게 이를 알리고 STEB안의 물품을 압수할 수 있다. 또한 압수한 물품의 처리는 제5조 제3항의 규정을 준용한다.
STEB 생산물품 나열기호(Inventory code) 및 보안기호(Security code) 또는 판매자와 상점의 STEB 보호를 위하여 STEB의 상품인식기호(bar code)는 'LAGs 상용공급자'에게 관리책임이 있다. STEB는 국토교통부장관이 지정한 'LAGs물품 상용공급자게만 배부되어야 한다.

6. LAGs 물품 상용공급자의 LAGs 물품인계

LAGs 물품 상용공급자는 승객이 구매한 LAGs를 액체류보안봉투안에 넣어 판매 장소에서 승객에게 인계할 수 있다. 다만, 시내면세점의 경우 인가된 직원이 보안청정구역안의 지정된 물품 인도장에서 승객이 구매한 LAGs를 액체류보안봉투에 넣어 인계할 수 있다.
공항운영자는 관할 국제공항의 보안검색대 등에 승객이 LAGs물품을 버릴 수 있는 장소를 제공하여야 하며, 보안검색 이후 압수물품을 폐기할 수 있는 시설·장소 등 필요한 조치를 하여야 한다.
항공운송사업자는 이 기준에 의한 LAGs 보안검색과 관련된 내용을 승객(환승·통과 포함)에게 사전에 주지시키고, 항공기 출발예정시간 등을 고려하여 탑승수속시 이를 확인하는 등 승객의 불편이 최소화되도록 필요한 조치를 하여야 한다.
항공운송사업자는 ICAO의 LAGs 검색을 위한 보안통제지침을 이행하고 있는 국가 또는 공항으로부터 우리나라 국제공항을 경유하는 환승·통과승객이 이 기준에 준하는 STEB를 사용하여 LAGs물품을 운반하는지를 우리나라 국제공항에 도착하기 이전의 출발공항부터 확인하여야 한다.
항공운송사업자는 승객이 제5조 및 제6조의 규정에 적합한지 여부를 확인하기 곤란한 LAGs는 위탁수하물로 처리하도록 안내하며, 순수한 의료목적 또는 어린아이 음식류를 포함한 특별 식이처방음식의 LAGs를 휴대하고자 하는 승객의 경우 가급적 일찍 보안검색을 받도록 안내한다.
보안검색감독자 또는 보안검색요원은 보안검색대 통과 전에 승객이 휴대한 LAGs를 꺼내어 검색대를 통과하도록 조치 및 검색하여야 한다.

7. LAGs 물품 판매에 관한 보안원칙

LAGs물품 상용공급자 및 STEB 상용공급자는 별표 3에서 정한 보안원칙을 준수하여야 한다.
LAGs 물품 상용공급자는 보안상 문제가 인지되었다면 관계기관에 즉시 해당정보를 제공하고, 의심스러운 물품은 자체보안계획에 의하여 조치하여야 한다.

[별표 3]

LAGs등 상용공급자에 관한 보안원칙 (제14조 관련)

1. 제조현장 및 저장 창고의 보안 규정

1.1. STEB제조 현장, LAGs 및 STEB 저장창고의 보안통제성 유지를 위해 다음의 보안규정을 적용함.

a) 인가된 자 만의 건물출입, 직원 및 방문객의 신분확인 검색절차를 포함한 접근통제시스템을 갖추어야 한다.

b) 침입방지, 물품의 훼손 및 도난 방지, 또는 업무 방해의 예방을 목적으로 하는 저장창고 내에서의 활동들을 감시할 감시 시스템(CCTV또는 동등한 종류의 것)을 갖추어야 한다.

c) LAGs 및 STEB가 불법간섭행위를 준비하는데 사용되지 않도록 저장창고 출구에 대한 보안통제시스템을 갖추어야 한다.(공항직원의 경우 출구통제는 보호구역을 나올 때 수행되어야 한다)

2. 운반하는 동안의 보안규정

2.1. LAGs물품 상용공급자는 저장창고에서 보호구역내의 공항판매상점 또는 항공기 탑재시까지 다음 각호의 방법으로 이행하여야 한다.

a) LAGs 및 STEB의 운반은 봉인된 용기 또는 트럭만이 사용되어야한다.

b) 저장창고에서 운반된 모든 LAGs 및 STEB는 고유의 서류 및 배달 송장과 함께 배송되어야 한다. 고유의 서류 및 송장은 최소 3년간 보관하여야 한다.

c) LAGs물품 상용공급자의 보안책임자는 LAGs 및 STEB에 접근할 수 있는 직원을 적절한 신원조회를 거쳐 최소한의 인원으로 인가하고 감독하여야 한다.

d) STEB는 인가된 직원에 의해 판매되기 전까지 감독하에 항상 보호되어야 한다.

2.2. 2.1의 규정에 의하여 LAGs물품 상용공급자에 의해 인가된 직원은 LAGs물품 및 STEB을 인수하기 전 봉인의 훼손, 절도, 위해물품 등의 반입에 대하여 확인하여야 하며, 공항보호구역 입구에서 육안검사 또는 보안통제를 수행하여야 한다.

2.3. LAGs물품 상용공급자는 LAGs물품 및 STEB가 보호구역 진입후 판매되어 승객에게 전달되기까지 LAGs 물품 및 STEB를 보호하기 위한 절차를 수립하여야 한다.

2.4. LAGs물품 상용공급자는 STEB의 일간 단위로 재고를 관리하여야 하며, 이상이 발견되는 경우 즉시 국토교통부 또는 공항보안기관에 보고하여야 한다. LAGs물품 상용공급자는 국토교통부 소속 항공보안감독관 또는 소속 공무원이 요구할시 STEB 재고관련 서류를 제출하여야 한다.

2.5. LAGs 등 상용공급자는 LAGs 물품 또는 STEB 판매를 중단하게 되는 경우에는 STEB 재고물량을 폐기하거나 관련 업체에 인계해야 한다.

3. 보안수준 관리

3.1. LAGs 및 STEB의 모든 보안규정은 자체보안계획에 명시되어야 한다.

3.2. 자체보안계획은 항공보안 환경변화 등을 고려하여 매 1년마다 보완하여야 한다.

3.3. LAGs 및 STEB 보호대책의 적합수준을 유지하기 위해 매 분기 1회이상 자체평가를 실시하여야 한다.

8. 국제협력

국토교통부장관은 LAGs 및 액체류보안봉투의 효율적인 보안통제를 위해 현장 확인 등을 포함하여 다른 국가와 적절하게 양자간 또는 다자간 협의할 수 있다.

국토교통부장관은 소속 공무원 또는 항공보안감독관으로 하여금 서류심사 및 액체류보안통제 점검표에 따라 현장실사를 실시하게 할 수 있다. 단, 동일국가에 속하는 공항중 주요 공항에 대해서만 현장실사를 실시하고 이외 공항에 대하여는 현장실사를 생략할 수 있다.

국토교통부장관은 서류심사 및 현장실사 결과에 대하여 ICAO 권고기준에 충족하다고 판단하는 경우 협의당사국 환승객에 대한 LAGs 및 액체류보안봉투 보안통제 면제여부를 결정하여야 한다. 단 면제결정에 필요하다고 판단 되는 경우에는 관계기관과 협의할 수 있다.

당사국 환승객에 대한 LAGs 보안통제 면제를 하는 때에는 다음 각호와 같이 해당되는 관련기관에 통보하여 소관사항을 사전 준비하도록 하여야 한다.

(1) 공항 검색운영주체 기관 : 당사국 환승객 보안검색 면제를 위한 LAGs 및 액체류보안봉투 자료, 정보에 관한 교육 실시(검색요원원, 보안검색감독자 등)

(2) LAGs 물품 상용공급자 : 액체류 물품 보안통제면제 당사국을 경유하는 환승객에 대하여 LAGs 판매 및 액체류보안봉투 사용에 관한 종사원 교육 등

(3) 액체류 보안검색 관련 대테러주관 정부 보안기관

제3절 국제항해선박 및 항만시설반입금지물품

1. 항만시설 이용자의 의무 및 위탁수하물처리

(1) 항만시설 이용자 의무

국제항해선박 및 항만시설의 보안에 관한 법률 제33조(항만시설 이용자의 의무) ① 항만시설을 이용하는 자는 보안사건이 발생하는 것을 예방하기 위하여 다음 각 호에 해당하는 행위를 하여서는 아니 된다.

1) 항만시설이나 항만 내의 선박에 위법하게 폭발물이나 무기류 등을 반입·은닉하는 행위
2) 보안사건의 발생을 예방하기 위한 검문검색 및 지시 등에 정당한 사유 없이 불응하는 행위
3) 항만시설 내 해양수산부령으로 정하는 지역을 정당한 출입절차 없이 무단으로 출입하는 행위
4) 항만시설 내 사진촬영이 제한되는 구역으로서 해양수산부령으로 정하는 구역에서 사진촬영을 하는 행위

② 제1항에 따른 항만시설 이용자의 의무와 관련하여 항만시 설의 출입절차 및 출입자 준수사항 등에 관하여 필요한 사 항은 대통령령으로 정한다.

(2) 위탁수하물처리

국제항해선박 및 항만시설의 보안에 관한 법률 시행규칙 제37조의2(국제항해여객선 승객 등의 보안검색의 실시방법과 절차 등)
④ 제1항의 항만시설소유자는 제1항부터 제3항까지에 따른 보안검색 결과 승선하는 자가 휴대한 폭발물이나 무기류 등이 선박보안을 침해하지 아니한다고 인정하는 경우에는 위탁수하물로 싣게 할 수 있다.

2. 국제선 선박내 반입금지 위해물품

–ISPS code, IMDG Code, 선박 안전법,

구분	세부물품	취급방법	
		선실반입 가능여부 (출국장)	화물반입 가능여부 (탁송장)
폭발물	• 폭발물 및 폭파장치, 발파캡 (뇌관,도화(폭)선), 수류탄 – 폭발물질(니트로글리세린,아질산암모늄,백린 외 기타 폭발물질) • 화염및 기타 불꽃 제조품 (폭죽 외) • 지뢰 및 기타 군사용 폭발물	X	X
총포류	• 모든 총기류 (권총,소총,엽총 등 총기부품(조준경, 소음기) 포함) • 작살 발사총, 산업용 화약총, 추진발 사용무기, 신호기 • 복제품 또는 모조품 (총포류, 실탄) ※ 단, 시중에서 유통되는 국내 생산 장난감총기류는 확인 후 반출가능 • 화염방사기, 전기충격기 • 격발식 활 (석궁)	X	X
	• 국궁 및 양궁 (스포츠용, 경기용 화살포함)	X	O
도검류	• 무기로 사용될 수 있는 만큼의 길이를 갖고 금속 혹은 기타 물질로 만들어져 날의 길이가 5.5Cm이상 도검류 (단검류(군용, 다이버용),수련용 또는 장식용 진검, 접이식 도검류) ※ 단, 수련용 진검은 “도검소지허가서” 제출시 반출가능	X	X
	• 과도, 식도, 가위 등의 날이 있는 생활 도검류, 의료용품 (별송처리 가능)	X	O
흉기류	• 해머(망치), 도끼, 낫, 살상용 화살, 톱(날), 전동(전기) 공구류	X	O
	• 운동기구류(골프채, 야구방망이, 하키스틱, 아령 덤벨 등)	O	O

인화성 제품류	• 인화성 액체(원료) – 석유, 가솔린(휘발유), 디젤 등의 유류 1, 2, 3종 및 유류첨가제(신나, 경화제, 라이타 기름 등) – 알코올, 에탄올, 메탄올, 흰인, 칼륨, 아세톤, 솔벤트	X	X
산화성 제품류	• 산화성 액체(원료) – 염산, 황산, 과염소산 등의 강한 산성류 • 부식성 액체(원료) – 수은 외	X	X
생활용 제품류	• 문구류 및 공예품,차량용품류 – 튜브형 접착제, 아트물감 및 프린트(잉크), 제품 카트리지(토너) – 고팅용품(옷칠, 왁스), 마카펜, 수정액, 기타 세정제 등	O	O
기타 제품류	• 방수용품 및 기타 화학물질 – 방수액, 방수제(가루), 방수용 실리콘류 – 시멘트, 마킹파우더, 드라이피트(마감제), 금속가루, 석고 등	O	O
기능성 제품류	• 전기충전식 배터리 – 생활제품용(1,5v, 9v), 휴대폰, 조명제품, 전동기기, 비상발전기기	O	O
	• 비전기충전 습식 배터리(차량용품, 중장비)	X	O
기계류	• 연료 및 에너지원이 제거된 장비 (석유버너, 난방기, 램프, 전동제품)	O	O
미용 제품류	• 매니큐어, 아세톤, 리무브, 염색약, 중화제 등 미용관련 제품류	O	O
위생 용품	• 인체사용 가스류 – 헤어스프레이, 무스, 면도크림, 소염제(파스), 방향제, 냄새제거제 – 산소스프레이, 해충기피제, 피부청결제, 페이스화장품류 (인체사용 가능한 모든 제품류 – 위생, 미용, 의료, 생활용)	O	X
안전 용품	• 소화기 (스프레이형, 실린더형, 액체형) 구명조끼 (가스실린더 내장형)	O	X

가스 제품류	• 비인화성가스 제품류 - 휘핑크림가스(N), 배수관통기탄(CO2) 등의 기능성제품	O	X
	• 인화성가스 제품류(공업용) - 락카, 페인트, 잉크, 코팅제 등 ※ 단, 부탄가스, 산악용가스, 라이터가스 등은 고압가스 사용제품으로 반출 불가	O	X
	• 호신장비 제품류 - 최루가스 사용장비, 후추스프레이, 눈물가스 등의 장비(1인 1개 탁송장으로 반출 가능)	X	O

샘플류

- 샘플류의 처리
  - 산업용 인화성 제품류 반출 시 1차 보안검색 완료 후 위해가능성이 있다고 판단하는 물품은 선박 내 반입이 금지되거나 위탁수하물로 처리 될 수 있다.
  - 위탁수하물 처리과정 중 산업용 인화성 수출제품은 해당 선사와의 협의 후 화물로 운송가능하다.
  - 샘플류 반출가능 여부는 MSDS(물질안전보건자료)의 정확한 내용을 바탕으로 한 검색으로 신속히 처리 될 수 있다.
  - 샘플류 검색결과 화물로만 반출 가능할 경우에는 해당 선사 위탁수하물 업무가 진행 중인지 확인하여야 한다.
  - 샘플류 검색결과 위험한 물품이 아닌 것으로 판단되는 경우 선박 내 반입가능, 화물 반입가능으로 처리되며 통과 샘플은 2중이상의 포장이여야 한다.

- 샘플류 선내반입 안내

구분	세부물품	취급방법	
		선실반임 가능여부 (출국장)	화물반입 가능여부 (탁송장)
제품별 샘플류	• 미완제품 샘플 (시중 미판매 제품) - 산업안전 보건표시 없음 • MSDS(물질안전보건자료) 보유 [검색결과] - 인화성제품 및 위험성제품이 아니거나 선박 보안 및 안전에 침해하지 아니한다고 인정하는 경우	O	O
	• 미완제품 샘플 (시중 미판매 제품) - 산업안전 보건표시 없음 • MSDS(물질안전보건자료) 보유 [검색결과] - 인화성제품 및 위험성제품으로 확인 선박보안 및 안전에 침해하여 위해하다고 확인 된 경우	X	X
	• 산업용(공업용) 인화성 제품류(페인트, 본드류) ※ 단, 관계 선사와의 협의 후 위탁수하물(화물)로 반출가능	X	O

3. 선장의 허가를 받아 반입할 수 있는 위험물품

위험물 선박운송 기준 제4조(선장의 허가를 받아 반입할 수 있는 위험물) 규칙 제4조 제1항 제2호의 규정에 의한 위험물은 별표 10과 같다.

[별표 10] 선장의 허가를 받아 반입할 수 있는 위험물 (제4조 관련)

분류	위험물	수량 및 질량
화약류	소형화기용 실탄 (수렵용 또는 스포츠용인 것은 제외), 소형화기용 공포탄	200개
	소형화기용 실탄 (수렵용 또는 스포츠용인 것)	400개
	도화선	1kg
고압가스	소화기, 약품류	2개
	흡연용 가스라이터 (액화가스가 충전되어 있는 것)	10kg
부식성물질	축전지	2개
	소화액 (부식성인 것) 약품류	3kg
독물류	시약으로 사용되는 독물로 용기등급이 2 또는 3인것	3kg
인화성액체류	살충살균제류 (액체로서 인화성이고 독성인 것), 약품류	3kg
	도료, 가솔린, 등유	20kg
	흡연용 가스라이터 (연료유가 주입된 것)	10kg
산화성물질류	고순도표백분, 보통표백분	3kg
가연성물질류	셀롤로이드	1kg
	안전성냥, 약품류	3kg
	캄파, 나프탈렌, 유성가공종이, 섬유	5kg
	필름 (니트로셀롤로오스베이스로서 젤라틴으로 피복된 것)	20kg
유해성물질	드라이아이스	5kg

비고 : 수량 또는 질량은 1인당 휴대기준을 말하고, 질량은 용기 및 포장의 질량을 포함한 것으로 한다.

4. 위험물 선박운송금지 및 여객선외 운송 기준

(1) 위험물품 여객선운송금지

위험물 선박운송 기준 제16조(여객선에 운송이 금지된 화약류) 시행규칙 제39조제2항의 규정에 의한 화약류는 다음 각 호 외의 화약류를 말한다.

1) 별표 1의 화약류중 등급이 1.4이고 격리구분이 S인 것
2) 별표 1의 화약류중 격리구분이 C, D 또는 E이고 총정미질량이 10킬로그램이하인 것
3) 별표 1의 폭발성제품중 격리구분이 G이고 적재방법에 특별요건이 없는 것으로서 총정미질량이 10킬로그램이하인 것
4) 별표 1의 폭발성제품중 격리구분이 B이고 총정미질량이 5킬로그램이하인 것
5) 조난신호용으로서 총정미질량이 50킬로그램이하인 것
6) 별표 1의 화약류중 격리구분이 N이고 총정미질량이 50킬로그램이하인 것(단, 등급이 1.4이고 격리 구분이 S인 것외의 다른 화약류가 없을 것)
7) 제2호 내지 제6호에 정한 총정미질량을 초과한 것 또는 그외의 화약류로서 화약류의 운송에 대하여 관할지방해양항만관청이 운송에 지장이 없다고 인정한 것

(2) 여객선 외의 선박에 산적할 수 있는 위험물

위험물 선박운송 기준 제8조(적재방법의 특례) ①규칙 제11조의 규정에 의하여 여객선외의 선박에 산적하여 운송할 수 있는 위험물 및 그 적재방법은 각각 별표 16의 품명란 및 적재방법 란에 정한 것을 말한다.
② 규칙 제12조제1항의 규정에 의한 위험물은 별표 17의 품명란에 게기하는 물질을 말한다.

[별표 16] 여객선외의 선박에 산적 운송할 수 있는 위험물 및 적재 방법 (제8조제1항 관련)

분류	위험물	적재방법	
산화성 물질류	질산알루미늄	갑판하부적재	식품류와 동일한 화물창 및 구획에 적재하지 말 것
	질산헬륨	갑판하부적재	식품류와 동일한 화물창 및 구획에 적재하지 말 것
	질산칼슘 (질산칼슘·질산암모늄복염이 주로 포함된 질산칼슘비료에 있어서 전질소의 함유율이 15.5질량%이하이고 물의 함유율이 12질량%이상인 것은 제외)	갑판하부적재	식품류와 동일한 화물창 및 구획에 적재하지 말 것
	질산납	갑판하부적재	식품류와 동일한 화물창 및 구획에 적재하지 말 것
	질산마그네슘	갑판하부적재	식품류와 동일한 화물창 및 구획에 적재하지 말 것
	질산칼륨	갑판하부적재	식품류와 동일한 화물창 및 구획에 적재하지 말 것
	질산나트륨 (칠레초석)	갑판하부적재	식품류와 동일한 화물창 및 구획에 적재하지 말 것
	질산나트륨과 질산칼륨의 혼합물	갑판하부적재	식품류와 동일한 화물창 및 구획에 적재하지 말 것

<table>
<tr><td rowspan="3">가연성 물질류</td><td>황(덩어리 또는 불륜일 세럽인 것)</td><td>갑판하부 적재</td><td>1. 식품류와 동일한 화물창 및 구획에 적재하지 말 것
2. 적재장소 및 그의 개구부 주위에서 흡연 또는 불의 사용을 금지할 것
3. 적재화물창 또는 구획에 통하는 전기회로를 차단하고 통풍통의 끝에 화재방지금속망을 설치할 것
4. 분진 폭발의 우려가 없도록 할 것</td></tr>
<tr><td>코프라(건조된 것)</td><td>갑판하부 적재</td><td>1. 열기(熱氣)의 우려가 없고 환기가 양호한 장소에 적재할 것
2. 선적전 1개월이상 외기에 노출시킨 것을 적재할 것</td></tr>
<tr><td>철금속 부스러기(건조된 것)</td><td>갑판하부 적재</td><td>1. 식품류와 동일한 화물창 또는 구획에 적재하지 말 것
2. 열기의 우려가 없고 환기가 양호한 장소에 적재할 것
3. 온도가 55℃를 초과하는 부스러기는 적재하지 말 것
4. 적재장소에 있는 사이드스파링, 던내지 및 나무조각은 제거할 것
5. 부스러기의 표면온도를 선적전, 선적중, 선적후 및 운송중에 매일 측정할 것
6. 선적중 부스러기의 표면온도가 90℃를 초과할 경우에는 선적을 중지하고 온도가 85℃이하에 이를 때까지 적재하지 말 것
7. 온도가 65℃이하로 8시간이상 온도가 일정하거나 또는 하강하는 경향이 보이지 아니할 경우에는 출항하지 말 것
8. 선적중 가능한 한 불도저 등을 사용하여 다지고, 선적후에는 상면을 평평하게 다질 것
9. 운송중 부스러기의 표면온도가 80℃로 상승할 경우에는 화재위험을 방지하기 위하여 적절한 조치를 강구할 것
10. 부스러기의 적재장소에 출입은 당해 장소를 개방한 후 또는 자장식호흡기를 착용하고 시행할 것</td></tr>
</table>

가연성 물질류	산화철(사용완료된 것)	갑판하부 적재	1. 식품류와 동일한 선창 또는 구획에 적재하지 말 것 2. 선적 전에 냉각하고 8시간이상 외기에 노출시킨 것을 적재할 것
	종이케이크 (식물성 기름을 함유한 것) {용제추출법 및 압착법으로 채유한 후의 종자로서 기름의 함유율이 10질량%이하인 것 또는 기름과 물의 함유율이 20질량%이하(물의 함유율이 10질량%를 초과하는 경우에 한한다.)인 것} (용제추출법으로 채유한 후의 종자찌꺼기 또는 콩찌꺼기로서 기름의 함유율이 4질량%이하이고 기름과 물의 함유율이 15질량%이하인 것은 제외) [기름을 짜고난 종자 찌꺼기]	갑판하부 적재	1. 용제추출법에 의한 것은 환기가 양호한 장소에 적재할 것 2. 용제추출법에 의한 것은 인화성용제를 충분히 제거한 것을 적재할 것 3. 건조상태로 보관할 것 4. 운송기간이 5일을 초과할 경우에는 적재할 화물창 또는 구획에 탄산가스외의 불활성가스를 주입하기 위한 설비를 갖출 것 5. 적재장소의 높이에 따라 정기적으로 온도를 측정하고 기록할 것 6. 온도상승이 계속될 경우에는 탄산가스외의 불활성가스를 주입할 것 7. 정전기로 인하여 용제의 증기가 착화될 위험이 있는 경우에는 탄산가스를 사용하지 말 것 8. 적재장소 및 그의 개구부 주위에서 흡연 및 불의 사용을 금지할 것 9. 적재화물창 및 구획에 통하는 전기회로를 차단하고 통풍통의 끝에 화재방지금속망을 설치할 것 10. 선적전에 충분한 기간(1년이상)이 지난 것을 적재할 것

가연성 물질류	종자케이크 (식물성기름을 함유한 것) (용제추출법에 의하여 채유한 후의 종자로서 기름의 함유율이 1.5질량%이하이고 물의 함유율이 11질량% 이하인 것) (용제추출법으로 채유한 후의 종자찌꺼기 또는 콩찌꺼기로서 기름의 함 유율이 1.5질량%이하이고 물의 함유율이 11질량%이하이며 인화성용제를 함유하지 아니한 것은 제외	갑판하부 적재	1. 용제추출법에 의한 것은 환기가 양호한 장소에 적재할 것 2. 용제추출법에 의한 것은 인화성용제를 충분히 제거한 것을 적재할 것 3. 건조상태로 보관할 것 4. 운송기간이 5일을 초과할 경우에는 적재할 화물창 또는 구획에 탄산가스외의 불활성 가스를 주입하기 위한 설비를 갖출 것 5. 적재장소의 높이에 따라 정기적으로 온도를 측정하고 기록할 것 6. 온도상승이 계속될 경우에는 탄산가스외의 불활성가스를 주입할 것 7. 정전기로 인하여 용제의 증기가 착화될 위험이 있는 경우에는 탄산가스를 사용하지 말 것 8. 적재장소 및 그의 개구부 주위에서 흡연 및 불의 사용을 금지할 것 9. 적재화물창 및 구획에 통하는 전기회로를 차단하고 통풍통의 끝에 화재방지금속망을 설치할 것 10. 선적전에 충분한 기간(1년이상)이 지난 것을 적재할 것
	알루미늄규소철 분말	갑판하부 적재	1. 식료품 또는 부식성물질과 동일한 화물창 또는 구획에 적재하지 말 것 2. 환기가 양호한 장소에 적재하고 건조상태로 보관할 것 3. 통풍장치의 배기구는 배기가스가 주거장소 또는 사용장소에 침입하 지 아니하도록 설치할 것 4. 기관실과의 격벽은 가스가 새지 아니하는 것일 것 5.2조이상의 자장식호흡기를 구비할 것 6. 2조이상의 인화수소, 비소화수소 및 실란용 가스탐지기를 구비하고 측정결과를 기록할 것

가연성 물질류	알루미늄가공 부산물	갑판하부 적재	1. 위험물과 격리(유효한 격리기준에 의한다. 이하 같다)할 것 2. 식료품 또는 부식성물질과 동일한 화물창 또는 구획에 적재하지 말 것 3. 건조한 상태의 것을 선적할 것 4. 건조상태로 보관할 것 5. 2개이상의 자장식호흡기를 비치할 것 6. 2조이상의 인화수소, 비소화수소 및 실란용 가스탐지기를 구비하고 측정결과를 기록할 것
	알루미늄규소 분말	갑판하부 적재	1. 위험물과 격리(유효한 격리기준에 의한다. 이하 같다)할 것 2. 식료품 또는 부식성물질과 동일한 화물창 또는 구획에 적재하지 말 것 3. 건조한 상태의 것을 선적할 것 4. 건조상태로 보관할 것 5. 2개이상의 자장식호흡기를 비치할 것 6. 2조이상의 인화수소, 비소화수소 및 실란용 가스탐지기를 구비하고 측정결과를 기록할 것
	규소철 (규소의 함유율이 30질량% 이상 90 질량%미만인 것) (규소철을 물과 시멘트 등의 결합제와 혼합하여 조개탄형태로 된 규소철브리켓은 제외)	갑판하부 적재	1. 위험물과 격리(유효한 격리기준에 의한다. 이하 같다)할 것 2. 식료품 또는 부식성물질과 동일한 화물창 또는 구획에 적재하지 말 것 3. 건조한 상태의 것을 선적할 것 4. 건조상태로 보관할 것 5. 2개이상의 자장식호흡기를 비치할 것 6. 2조이상의 인화수소, 비소화수소 및 실란용 가스탐지기를 구비하고 측정결과를 기록할 것

<table>
<tr><td rowspan="3">유해성 물질</td><td>질산암모늄비료 B류
(자기발열에 의하여 분해되지 아니하는 것)
{복합비료 (질소·인산염형, 질소·칼리형 또는 질소·인산염·칼리형)의 비분리성인 혼합물로서 질산암모늄의 함유율이 70질량%이하이고, 가연물의 총함유율이 0.4%이하이거나 질산암모늄의 함유율이 45질량%이하인 것}</td><td>갑판하부 적재</td><td>1. 산화성물질과는 격리할 것
2. 가연물(특히 액체), 염소산류, 차아염소산류, 황산류 및 과망간산류와는 1화물창 또는 1구획이상 떨어지게 적재할 것
3. 모든 열원으로 부터 떨어지게 적재할 것
4. 적재화물창 또는 구획에 통하는 전기회로를 차단할 것
5. 강재의 기관실 격벽에 접촉하지 아니하도록 적재할 것
6. 적재장소 및 그의 개구부 주위에서 흡연 및 불의 사용을 금지할 것
7. 하역중 연료유를 받거나 배출하지 말 것</td></tr>
<tr><td>피마자열매
(피마자박분, 피마자포마스 및 피마자후레이크는 제외)</td><td>갑판하부 적재</td><td>1. 식품류 또는 산화성물질과 동일한 화물창 또는 구획에 적재하지 말 것
2. 거주장소 및 사용장소에 가루의 침입을 방지할 것</td></tr>
<tr><td>어분
(산화방지제를 첨가한 것으로 물의 함유율이 5질량%를 초과 12질량%이하로서, 지방함유율이 15질량% 이하인 것)</td><td>갑판하부 적재</td><td>1. 자연발화성물질과는 격리할 것
2. 선적중 온도가 35℃ 또는 대기온도에 5℃를 더한 온도중 높은 온도 를 초과하지 말 것
3. 운송중 8시간 간격으로 온도를 측정하여 그 결과를 기록 할 것
4. 측정온도가 55℃를 초과하여 계속 상승할 경우 적재되는 화물창 또 는 구획의 통풍을 차단하고, 자연발화가 계속될 경우에는 탄소가스 또는 불활성가스를 주입할 것</td></tr>
</table>

제4절 철도이용시 금지 위해물품

1. 철도위험물 휴대 및 운송금지

(1) 철도안전법 제42조 ①항에는 누구든지 무기, 화약류, 유해화학물질 또는 인화성이 높은 물질 등 공중(公衆)이나 여객에게 위해를 끼치거나 끼칠 우려가 있는 물건 또는 물질(위해물품)을 열차에서 휴대하거나 적재(積載)할 수 없다. 다만, 국토교통부장관 또는 시·도지사의 허가를 받은 경우 또는 국토교통부령으로 정하는 특정한 직무를 수행하기 위한 경우에는 그러하지 아니하다.

(2) 철도안전법 제43조에는 누구든지 점화류(點火類) 또는 점 폭약류(點爆藥類)를 붙인 폭약, 니트로글리세린, 건조한 기폭약(起爆藥), 뇌홍질화연(雷汞窒化鉛)에 속하는 것 등 대통령령으로 정하는 위험물을 탁송(託送)할 수 없으며, 철도운영자는 이를 철도로 운송할 수 없다고 명시되어 있고, 철도안전법 시행령 제44조에는 "점화류(點火類) 또는 점폭약류(點爆藥類)를 붙인 폭약, 니트로글리세린, 건조한 기폭약(起爆藥), 뇌홍질화연(雷汞窒化鉛)에 속하는 것 등 대통령령으로 정하는 위험물"이란 다음 각 호의 위험물을 말한다.

1) 점화 또는 점폭약류를 붙인 폭약
2) 니트로글리세린
3) 건조한 기폭약
4) 뇌홍질화연에 속하는 것
5) 그 밖에 사람에게 위해를 주거나 물건에 손상을 줄 수 있는 물질로서 국토교통부장관이 정하여 고시하는 위험물

2. 위해물품의 종류

(1) 철도안전법 시행규칙 제78조 ①항 따른 위해물품의 종류는 다음과 같다.

1) 화약류 : 「총포 · 도검 · 화약류 등의 안전관리에 관한 법률」에 따른 화약 · 폭약 · 화공품과 그 밖에 폭발성이 있는 물질

2) 고압가스 : 섭씨 50도 미만의 임계온도를 가진 물질, 섭씨 50도에서 300킬로파스칼을 초과하는 절대압력(진공을 0으로 하는 압력을 말한다. 이하 같다)을 가진 물질, 섭씨 21.1도에서 280킬로파스칼을 초과하거나 섭씨 54.4도에서 730킬로파스칼을 초과하는 절대압력을 가진 물질이나, 섭씨 37.8도에서 280킬로파스칼을 초과하는 절대가스압력(진공을 0으로 하는 가스압력을 말한다)을 가진 액체상태의 인화성 물질

3) 인화성 액체 : 밀폐식 인화점 측정법에 따른 인화점이 섭씨60.5도 이하인 액체나 개방식 인화점 측정법에 따른 인화점이 섭씨 65.6도 이하인 액체

4) 가연성 물질류 : 다음 각 목에서 정하는 물질

① 가연성고체 : 화기 등에 의하여 용이하게 점화되며 화재를 조장할 수 있는 가연성 고체

② 자연발화성 물질 : 통상적인 운송상태에서 마찰 · 습기흡수 · 화학변화 등으로 인하여 자연발열하거나 자연발화하기 쉬운 물질

③ 그 밖의 가연성물질 : 물과 작용하여 인화성 가스를 발생하는 물질

5) 산화성 물질류 : 다음 각 목에서 정하는 물질

① 산화성 물질 : 다른 물질을 산화시키는 성질을 가진 물질로서 유기과산화물 외의 것

② 유기과산화물 : 다른 물질을 산화시키는 성질을 가진 유기 물질

6) 독물류 : 다음 각 목에서 정하는 물질

① 독물 : 사람이 흡입 · 접촉하거나 체내에 섭취한 경우에 강력 한 독작용이나 자극을 일으키는 물질

② 병독을 옮기기 쉬운 물질 : 살아 있는 병원체 및 살아 있는 병원체를 함유하거나 병원체가 부착되어 있다고 인정되는 물질

7) 방사성 물질 : 「원자력안전법」 제2조에 따른 핵물질 및 방사성물질이나 이로 인하여 오염된 물질로서 방사능의 농도가 킬로그램당 74킬로베크렐(그램당 0.002마이크로큐리) 이상인 것

8) 부식성 물질 : 생물체의 조직에 접촉한 경우 화학반응에 의하여 조직에 심한 위해를 주는 물질이나 열차의 차체 · 적하물 등에 접촉한 경우 물질적 손상을 주는 물질

9) 마취성 물질 : 객실승무원이 정상근무를 할 수 없도록 극도의 고통이나 불편함을 발생시키는 마취성이 있는 물질이나 그와 유사한 성질을 가진 물질

10) 총포 · 도검류 등 : 「총포 · 도검 · 화약류 등 단속법」에 따른 총포 · 도검 및 이에 준하는 흉기류

11) 그 밖의 유해물질 : 제1호부터 제10호까지 외의 것으로서 화학변화 등에 의하여 사람에게 위해를 주거나 열차 안에 적재된 물건에 물질적인 손상을 줄 수 있는 물질

(2) 철도운영자 등은 위해물품에 대하여 휴대나 적재의 적정성, 포장 및 안전조치의 적정성 등을 검토하여 휴대나 적재를 허가할 수 있다. 이 경우 해당 위해물품이 위해물품임을 나타낼 수 있는 표지를 포장 바깥면 등 잘 보이는 곳에 붙여야 한다.

3. 위해물품 휴대금지 예외

철도안전법 시행규칙 제77조에서 “특정한 직무를 수행하기 위한 경우”란 다음 각 호의 사람이 직무를 수행하기 위하여 위해물품을 휴대·적재하는 경우를 말한다.

(1) 사법경찰관리의 직무를 수행할 자와 그 직무범위에 관한 법률 제5조 제11호에 따른 철도공안 사무에 종사하는 국가공무원

※ 국토교통부와 그 소속 기관에 근무하며 철도경찰 사무에 종사하는 4급부터 9급까지의 국가공무원

(2) 경찰관직무집행법 제2조(직무에 범위)의 경찰관 직무를 수행하는 다음 각 호의 직무를 수행하는 사람으로

1) 국민의 생명·신체 및 재산의 보호

2) 범죄의 예방·진압 및 수사 2의2. 범죄피해자 보호

3) 경비, 주요인사(人士) 경호 및 대간첩·대테러 작전 수행

4) 치안정보의 수집·작성 및 배포

5) 교통 단속과 교통 위해(危害)의 방지

6) 외국 정부기관 및 국제기구와의 국제협력

7) 그 밖에 공공의 안녕과 질서 유지

(3) 경비업법 제2조에 따른 "경비원"이라 함은 경비업법 제4조제1항의 규정에 의하여 경비업의 허가를 받은 법인(경비업자)이 채용한 고용인으로서 일반 경비원과 특수경비원을 말한다.

(4) 위험물품을 운송하는 군용열차를 호송하는 군인

제5절 총포 · 도검 · 화약류 등의 안전관리에 관한 법률

1. 목적

총포 · 도검 · 화약류 · 분사기 · 전자충격기 · 석궁의 제조 · 판매 · 임대 · 운반 · 소지 · 사용과 그 밖에 안전관리에 관한 사항을 정하여 총포 · 도검 · 화약류 · 분사기 · 전자충격기 · 석궁으로 인한 위험과 재해를 미리 방지함으로써 공공의 안전을 유지하는 데 이바지함을 목적으로 한다.

2. 총포

권총, 소총, 기관총, 포, 엽총, 금속성 탄알이나 가스 등을 쏠 수 있는 장약총포, 공기총(가스를 이용하는 것을 포함) 및 총포신 · 기관부 등 그 부품으로서 다음과 같다.

(1) 총

가. 권총(기관권총 포함)

나. 소총

다. 기관총(구경 20밀리미터 미만, 기관권총 제외)

라. 엽총

마. 사격총

바. 어획총

사. 마취총

아. 도살총

자. 산업용총

차. 구난 구명총

카. 가스발사총

타. 기타 뇌관의 원리를 이용한 장약총

[별표 1] 총의 성능기준(제2조제2항 관련)

1. 장약총

총의 종류	탄알	유효사거리 (m 이내)	최대도달거리 (m 이하)
산탄총	18.3mm이하	60	560
강선총	22호 30호 38호	100 300 300	1,600 2,000 4,000

2. 공기총

총의 종류	구 경	연지탄의 에너지	압축실 시린다 전체체적
단탄총	4.5mm	60J이하	500㎤이하
	5.0mm	〃	〃
	5.5mm	〃	〃
산탄총	5.5~6.4mm	〃	〃

(2) 포

가. 소구경포(구경 20mm 내지 40mm에 한함)

나. 중구경포(구경 40mm~90mm미만에 한함, 박격포 제외)

다. 대구경포(구경 90mm이상에 한하며, 박격포 제외)

라. 박격포

마. 포경포(소구경포 한함)

(3) 총포 부품

가. 총포신 및 기관부(총포외의 다른 용도로 사용불가한 부품에 한함)와 포가

나. 산탄탄알 및 연지탄

다. 소음기 및 조준경

[별표 2] 산탄탄알 및 연지탄의 명칭과 규격(제2조3항관련)

1. 산탄탄알의 규격

구분	표준직경 (탄알의 지름)	탄알의 수	탄알의 형태
장약총용	18.3㎜이하	2개 이상	원형
공기총용	2.9㎜이하	2개 이상	원형

2. 산탄총 번경의 크기

그림 1

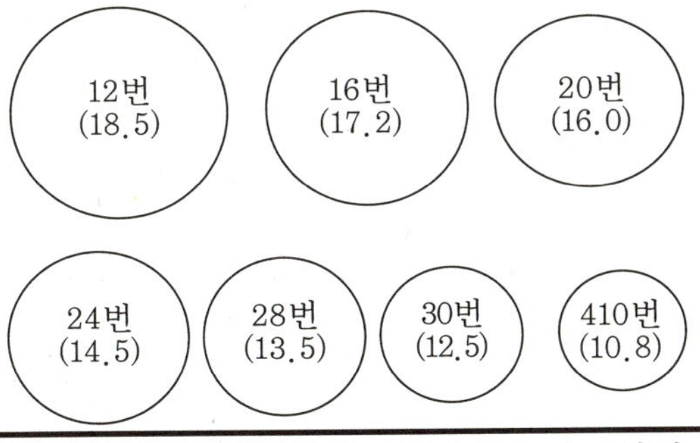

그림 2

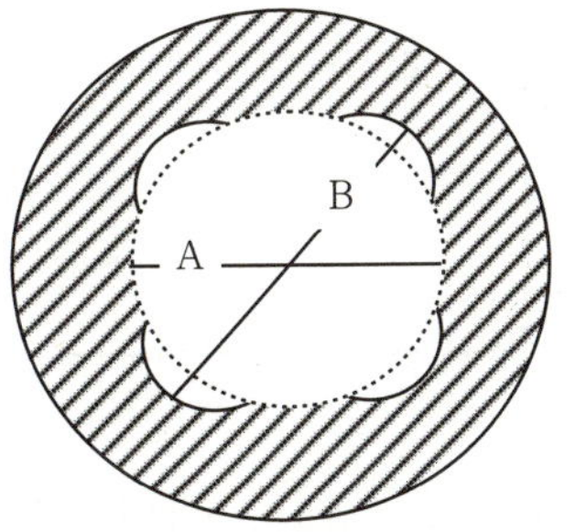

※ ① 그림 1은 산탄총의 번경으로서 ( )안의 숫자는 밀리미터를 표시하는 것
② 그림 2는 라이플총의 4조 우선을 표시하는 것으로서 A는 좁은 지름(산모양), B는 넓은 지름(골모양)임
③ 총의 구경을 표시할 때 제조업소에 따라 좁은 지름으로 표시하는 경우와 넓은 지름으로 표시하는 경우가 있음

3. 공기총 연지탄(납알)의 규격

명칭	중량	표준직경
연지탄 1호 5.5㎜	1.7g이하	5.5±0.1 |↔|  |↔| 5.7±0.1 5.5㎜탄의 지름
연지탄 2호 5.0㎜	1.5g이하	5.0±0.1 |↔|  |↔| 5.2±01 5.0㎜탄의 지름
연지탄 3호 4.5㎜	1.3g이하	4.5±0.1 |↔|  |↔| 4.7±0.1 4.5㎜탄의 지름

(4) "공기총"은 사람 · 가축 또는 조류 등을 살상할 수 있는 성능을 갖춘 것을 말한다.

[별표 5의2] 모의총포의 기준(제13조관련)

다음 각호의 1에 해당하는 것을 모의총포로 한다.

1. 금속 또는 금속 외의 소재로 만들어진 것으로서 모양이 총포와 아주 비슷하여 범죄에 악용될 소지가 현저한 것
2. 금속 또는 금속 외의 소재로 만들어진 것으로서 금속 또는 금속 외의 물체를 발사하거나 소리·불꽃을 내는 것중 다음의 1에 해당하여 인명·신체상 위해를 가할 우려가 있는 것
   가. 발사되는 물체(탄환)의 크기가 직경 5.7밀리미터 미만인 것
   나. 탄환의 무게가 0.2그램을 초과하는 것
   다. 발사된 탄환의 운동에너지(파괴력)가 0.02kgm를 초과하는 것
   라. 탄환의 앞부분이 둥글게 처리되지 아니하여 예리한 것
   마. 순간 폭발음이 90데시벨을 초과하거나 가연성의 불꽃을 내는 것

3. 도검

(1) 칼날의 길이가 15센티미터 이상인 칼 · 검 · 창 · 치도 · 비수 등으로서 성질상 흉기로 쓰이는 것과 칼날의 길이가 15센티미터 미만이라 할지라도 흉기로 사용될 위험성이 뚜렷한 것으로 다음과 같다.
  1) 월도
  2) 장도
  3) 단도
  4) 검
  5) 창
  6) 치도
  7) 비수
  8) 재크나이프(칼날의 길이가 6cm이상에 한함)
  9) 비출나이프(칼날의 길이가 5.5cm이상이고, 45도이상 자동으로 펴

지는 장치가 있는 것에 한함)

10) 그 밖의 6cm이상의 칼날이 있는 것으로서 흉기로 사용될 위험성이 뚜렷이 있는 도검

(2) 도검의 규격 및 형태는 다음과 같다.

(3) 칼끝이 둥글고 날이 서있지 아니하여 흉기로 사용될 위험성이 없는 칼은 도검으로 보지 아니한다.

도검의 규격 및 형태(제4조제2항관련)

1. 칼날의 길이 15㎝ 이상의 도검류

(월도) (장도) (단도) (검)

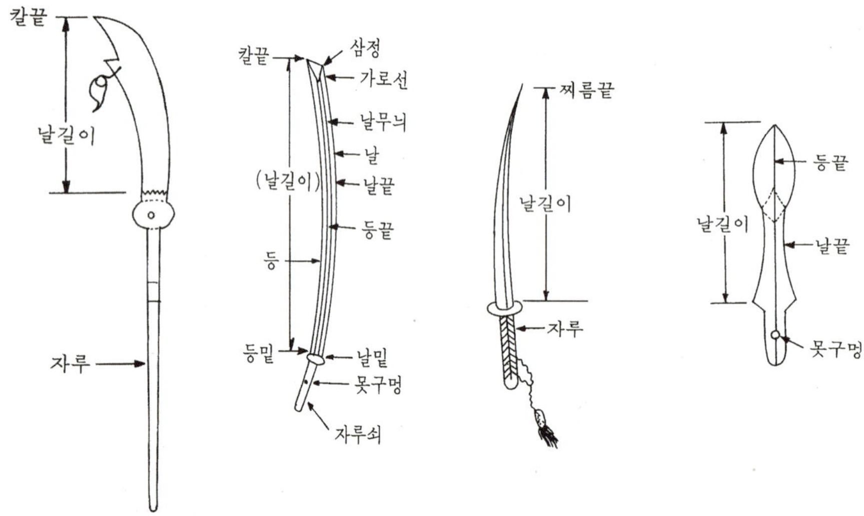

(창) (치도) (비수)

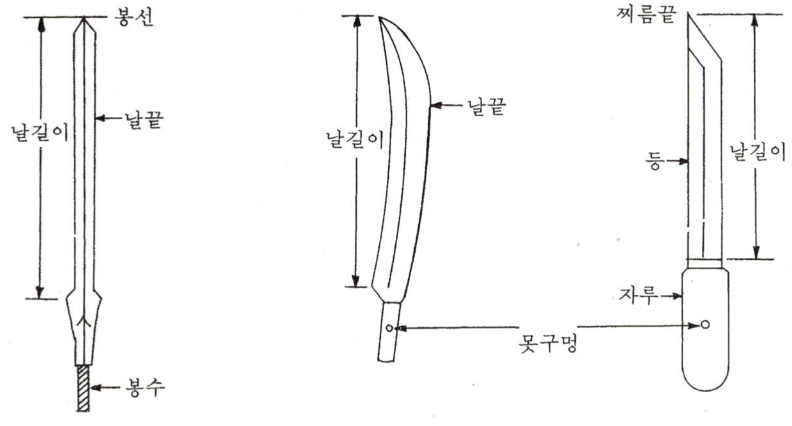

2. 칼날의 길이 15㎝ 이하의 도검류

(재크나이프)

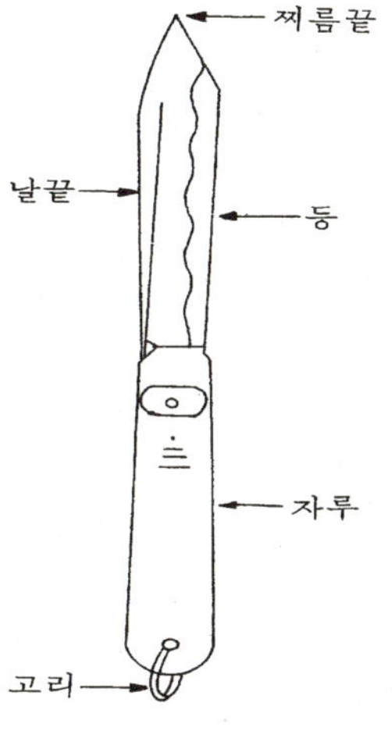

(비출나이프)

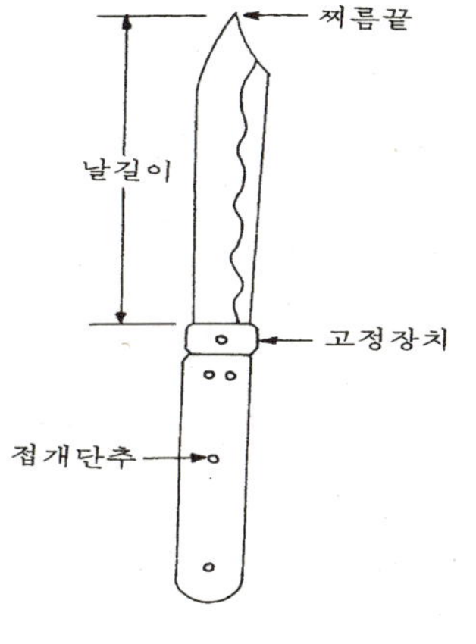

4. 화약류

화약, 폭약 및 화공품(화약 및 폭약을 써서 만든 공작물)로서 다음과 같다.

(1) 화약

1) 흑색화약 또는 질산염을 주성분으로 하는 화약
2) 무연화약 또는 질산에스테르를 주성분으로 하는 화약
3) 그 밖에 가목 및 나목의 화약과 비슷한 추진적 폭발에 사용될 수 있는 것으로서 다음과 같다.
   ① 과염소산염을 주로 한 화약
   ② 산화납 또는 과산화바륨을 주로 한 화약
   ③ 브로모산염을 주로 한 화약
   ④ 크롬산납을 주로 한 화약
   ⑤ 황산알루미늄을 주로 한 화약

* 폭약과 비슷한 파괴적 폭발에 사용될 수 있는 것은 다음 각호의 것을 말한다.
   ① 폭발의 용도에 사용되는 질산요소 또는 이를 주성분으로 한 폭약
   ② 디아조디니트로페놀 또는 무수규산 75퍼센트이상을 함유한 폭약
   ③ 초유폭약
   ④ 함수폭약
   ⑤ 면약(질소함량이 12.2퍼센트 이상의 것에 한함)

* 화약류의 환산기준

화약류의 정체 및 저장에 있어서 폭약 1톤에 해당하는 화약 또는 화공품의 수량은 별표 2와 같다.

[별표 2] 화약류의 환산기준(제6조 관련)

화약 및 화공품의 종류	폭약 1톤으로 환산하는 수량
화약	2톤
실탄 또는 공포탄	200만개
신관 또는 화관	5만개
총용뇌관	250만개
공업용뇌관 또는 전기뇌관	100만개
신호뇌관	25만개
도폭선	50킬로미터
미진동파쇄기	5만개
그 밖의 화공품	당해 화공품의 원료가 되는 화약 2톤 또는 폭약 1톤

(2) 폭약

1) 뇌홍(뇌홍) · 아지화연 · 로단염류 · 테트라센 등의 기폭제
2) 초안폭약, 염소산칼리폭약, 카리트, 그 밖에 질산염 · 염소산염 또는 과염소산염을 주성분으로 하는 폭약
3) 니트로글리세린, 니트로글리콜, 그 밖에 폭약으로 사용되는 질산에스테르
4) 다이너마이트, 그 밖에 질산에스테르를 주성분으로 하는 폭약
5) 폭발에 쓰이는 트리니트로벤젠, 트리니트로톨루엔, 피크린산, 트리니트로클로로벤젠, 테트릴, 트리니트로아니졸, 핵사니트로디페닐아민, 트리메틸렌트리니트라민, 펜트리트, 그 밖에 니트로기 3 이상이 들어 있는 니트로화합물과 이들을 주성분으로 하는 폭약
6) 액체산소폭약, 그 밖의 액체폭약
7) 그 밖에 가목부터 바목까지의 폭약과 비슷한 파괴적 폭발에 사용될 수 있는 것

5. 화공품

(1) 공업용뇌관 · 전기뇌관 · 비전기뇌관 · 전자뇌관 · 총용뇌관 · 신호뇌관 및 그 밖에 대통령령으로 정하는 뇌관류(시그널튜브 등 부품류를 포함)

(2) 실탄(산탄 포함) 및 공포탄

(3) 신관 및 화관

(4) 도폭선, 미진동파쇄기, 도화선 및 전기도화선

(5) 신호염관, 신호화전 및 신호용 화공품

(6) 시동약

(7) 꽃불

(8) 장난감용 꽃불 등으로서 행정안전부령으로 정하는 것

1) 장난감용 꽃불류는 다음 각 호와 같다

① 불꽃 · 불티 또는 꽃불을 주로 내는 것

② 회전을 주로 하는 것

③ 달리기를 주로 하는 것

④ 날기를 주로 하는 것

⑤ 위로 쏘아올리는 것을 주로 하는 것

⑥ 폭발음을 주로 내는 것

⑦ 연기를 주로 내는 것

⑧ 모형비행기용 또는 모형로켓트용의 추진기로서 화약 5그램이하인 것

⑨ 시동약으로서 화약 15그램이하인 것

⑩ 화재경보용 또는 도난방지용으로 사용되는 꽃불류로서 폭약(폭발음을 내는 것에 한함) 0.18그램이하인 것

⑪ 기밀시험용으로 사용되는 발연화공품으로서 화약 15그램이하인 것

2) 장난감용 꽃불류의 성능은 다음 각호의 기준에 의하여야 한다.

① 불꽃 · 불티 또는 꽃불을 주로 내는 것은 불꽃길이가 180센티미터

이하인 것

② 날기를 주로하는 것은 지상으로부터 날으는 높이가 5미터 이상인 것

③ 회전을 주로 하는 것은 지속 연소시간이 10초이하인 것

④ 위로 쏘아올리는 것을 주로 하는 것은 지상으로부터 쏘아올리는 높이가 5미터 이상인 것

⑤ 연소시 발생하는 소리가 10미터 떨어진 거리에서 85데시벨 이하인 것

⑥ 딱총화약(안전화약)은 불연제로 표면을 입힐 것

(9) 자동차 긴급신호용 불꽃신호기

(10) 자동차 에어백용 가스발생기

6. 분사기

사람의 활동을 일시적으로 곤란하게 하는 최루 또는 질식등의 작용제를 내장된 압축가스의 힘으로 분사하는 기기로서 다음 각호의 1에 해당하는 것으로 하며 다만, 살균 · 살충용 및 산업용 분사기를 제외한다.

(1) 총포형 분사기

(2) 막대형 분사기

(3) 만년필형 분사기

(4) 기타 휴대형 분사기

7. 전자충격기

사람의 활동을 일시적으로 곤란하게 하거나 인명에 위해를 주는 순간적인 고압전류를 방류할 수 있는 기기로서 다음 각호의 1에 해당하는 것으로 한다. 다만, 산업용 및 의료용 전자충격기를 제외한다.

(1) 총포형 전자충격기

(2) 막대형 전자충격기

(3) 기타 휴대형 전자충격기

[별표 2의3] 전자충격기의 성능기준(제2조의3제2항관련)

구분	성능
실효전력	10W 이내일 것
절연상태	AC 5,000V에서 0.5mA 이내일 것
실효전류	0.05A 이내일 것
최대전압	60,000V 이내일 것

8. 석궁

추진력은 활의 원리를, 조준 및 발사장치는 총의 원리를 이용하여 만든 기기로서 다음 각호의 1에 해당하는 것이며 다만, 국궁 또는 양궁에 속하는 것을 제외한다.

(1) 일반형 석궁

(2) 도르래형 석궁(지렛대의 원리를 이용한 것)

(3) 권총형 석궁

[별표 2의4] 석궁의 성능기준(제2조의4제2항관련)

구분	성능
탄력성	68kg 이하일 것
유효사거리	30m 이내

제6절 벌칙조항

1. 총포 · 도검 · 화약류 등의 안전관리에 관한 법률 제70조(벌칙)

다음 각 호의 어느 하나에 해당하는 자는 10년 이하의 징역 또는 2천만원 이하의 벌금에 처한다.

(1) 수출하기 위한 목적으로 제3조제4항에 따라 구조 및 성능기준을 적용하지 아니하고 제조된 총포 · 도검 · 화약류 · 분사기 · 전자충격기 또는 석궁을 국내에 판매하거나 유출시킨 자

(2) 제4조제1항 · 제3항(총포 · 화약류만 해당한다), 제6조제1항(총포 · 화약류만 해당한다) · 제2항(총포 · 화약류만 해당한다), 제9조제1항 또는 제12조제1항(총포 · 화약류만 해당한다) · 제2항(산업용총 · 가스발사총만 해당한다)을 위반한 자

총포에 관하여 상습적으로 제4조제1항 · 제3항, 제6조 제1항 · 제2항 또는 제9조제1항을 위반한 사람은 제1항제2호에서 정한 형의 2분의 1까지 가중한다. 또한 위에서 정한 죄의 미수범은 처벌한다.

2. 총포 · 도검 · 화약류 등의 안전관리에 관한 법률 제71조(벌칙)

다음 각 호의 어느 하나에 해당하는 자는 5년 이하의 징역 또는 1천만원 이하의 벌금에 처한다.

(1) 제4조제2항 · 제3항(도검 · 분사기 · 전자충격기 · 석궁만 해당한다), 제6조제1항(도검 · 분사기 · 전자충격기 · 석궁만 해당한다) · 제2항(도검 · 분사기 · 전자충격기 · 석궁만 해당한다), 제6조의2제1항 · 제2항, 제9조제2항 또는 제12조제1항(도검 · 분사기 · 전자충격기 · 석궁만 해당한다) · 제2항(분사기 · 전자충격기만 해당한다)을 위반한 자

(2) 제14조의2제1항에 따라 총포와 그 실탄 또는 공포탄을 지정하는 곳에 보관하지 아니한 자

(3) 제18조 제1항 또는 제2항을 위반한 자

* 제18조(화약류의 사용) ① 화약류를 발파하거나 연소시키려는 자는 행정안전부령으로 정하는 바에 따라 화약류의 사용장소를 관할하는 경찰서장의 화약류 사용허가를 받아야 한다. ② 화약류의 사용허가를 받은 자가 그 화약류를 허가받은 용도와 다른 용도로 사용하려는 경우에는 화약류의 사용허가를 다시 받아야 한다.

(4) 제21조제1항 · 제3항 · 제4항 또는 제5항을 위반한 자

* (제21조(양도 · 양수 등의 제한) ① 화약류를 양도하거나 양수하려는 자는 행정안전부령으로 정하는 바에 따라 그 주소지 또는 화약류의 사용장소를 관할하는 경찰서장의 허가를 받아야 한다. ③ 화약류의 제조업자, 판매업자 또는 수입허가를 받은 자는 제1항 본문에 따라 양수허가를 받은 자와 제1항 단서에 따라 양수허가를 받지 아니하여도 되는 자 외의 자에게 화약류를 양도하여서는 아니 되며, 누구든지 제조업자, 판매업자 또는 수입허가를 받은 자와 제1항 본문에 따라 양도허가를 받은 자 외의 자로부터 화약류를 양수하여서는 아니 된다. ④ 총포 · 도검 · 분사기 · 전자충격기 · 석궁의 제조업자, 판매업자, 임대업자, 수입허가를 받은 자 및 소지허가를 받은 자는 총포 · 도검 · 분사기 · 전자충격기 · 석궁의 제조업자, 판매업자, 수출허가를 받은 자 및 소지허가를 받은 자 외의 자에게 총포 · 도검 · 분사기 · 전자충격기 · 석궁을 양도하여서는 아니 되며, 이들로부터 총포 · 도검 · 분사기 · 전자충격기 · 석궁을 양수하여서도 아니 된다. 다만, 총포 · 도검 · 분사기 · 전자충격기 · 석궁의 제조업 또는 판매업을 양도 · 양수하는 경우에는 그러

하지 아니하다. ⑤ 총포 · 도검 · 분사기 · 전자충격기 · 석궁의 제조업자, 판매업자, 수출입허가를 받은 자 및 소지허가를 받은 자는 총포 · 도검 · 분사기 · 전자충격기 · 석궁을 다른 자에게 빌려주어서는 아니 되며, 다른 자로부터 그것을 빌려서도 아니 된다.

(5) 제31조제1항을 위반하여 안전상의 감독업무를 게을리 한 자

* 제31조(화약류제조보안책임자 및 화약류관리보안책임자의 의무 등) ① 화약류제조보안책임자는 화약류의 제조 작업에 관한 사항을 주관하고, 화약류관리보안책임자는 화약류의 취급(제조는 제외한다) 전반에 관한 사항을 주관하며, 각각 대통령령으로 정하는 안전상의 감독업무를 성실히 수행하여야 한다.

(6) 제45조제1항 단서 또는 제2항에 따른 영업정지명령 또는 사용정지명령을 위반한 자

* 제45조(제조업자 등에 대한 행정처분) ① 허가관청은 제조업자, 판매업자 또는 임대업자가 다음 각 호의 어느 하나에 해당하는 경우에는 그 허가를 취소하여야 한다. 다만, 제6호부터 제8호까지의 어느 하나에 해당하는 경우에는 6개월의 범위에서 일정한 기간을 정하여 영업의 정지를 명할 수 있다. ② 화약류저장소 설치자에 대한 행정처분에 관하여는 제1항(같은 항 제2호는 제외한다)을 준용한다.

(7) 제47조제1항에 따른 명령 또는 조치를 위반하거나 같은 조 제2항에 따른 보관명령을 위반한 자

* 제47조(공공의 안전을 위한 조치 등) ① 허가관청은 재해 예방 또는 공공의 안전유지를 위하여 필요하다고 인정되는 경우에는 다음 각 호의 명령 또는 조치를 할 수 있다.

㉮ 총포 · 도검 · 화약류 · 분사기 · 전자충격기 · 석궁의 소지허가 및 화

약류의 사용 · 양도 · 양수 허가의 취소 또는 화약류 운반의 제한

㉯ 제조업자, 판매업자, 임대업자, 화약류저장소 설치자 또는 화약류 사용자에 대한 시설의 전부나 일부의 사용금지 또는 시설의 이전 · 보완, 그 밖의 시정조치

㉰ 제조업자, 판매업자, 임대업자, 총포 · 도검 · 화약류 · 분사기 · 전자충격기 · 석궁의 수출입허가 또는 소지허가를 받은 자, 화약류저장소 설치자, 화약류사용자, 그 밖의 취급자에 대한 제조 · 판매 · 수수 · 수출입 · 적재 · 운반 · 저장 · 소지 · 사용 · 폐기의 일시 금지 또는 제한

㉱ 화약류의 소유자나 점유자에 대한 화약류 보관 장소의 변경 또는 폐기의 명령, 화약류를 운반하려는 자에 대한 화약류의 안전운반을 위한 명령

㉲ 제조업자, 판매업자, 임대업자, 화약류저장소 설치자에 대한 그 시설의 안전 · 방호를 위한 명령

(8) 제69조제1항을 위반하여 총포를 제작하거나 식별표지에 관한 정보를 제공하지 아니한 사람

* 제69조(식별표지 및 정보의 제공) ① 총포의 제조업자는 식별표지가 유지될 수 있도록 총포를 제작하여야 하고, 식별표지에 관한 정보를 행정안전부령으로 정하는 바에 따라 경찰청장에게 제공하여야 한다.

(9) 총포의 식별표지를 조작하거나, 불법적으로 삭제, 제거 또는 변경한 사람

3. 총포 · 도검 · 화약류 등의 안전관리에 관한 법률 제72조(벌칙)

다음 각 호의 어느 하나에 해당하는 자는 3년 이하의 징역 또는 700만원 이하의 벌금에 처한다.

(1) 제8조, 제19조, 제24조제1항 · 제2항, 제25조제1항 · 제5항, 제27조제1항, 제32조제1항, 제34조제1항 · 제2항, 제36조, 제38조제1항 · 제4항, 제40조제1항 또는 제43조를 위반한 자

(2) 제18조제4항 또는 제26조제4항에 따른 기술상의 기준이나 지시에 따르지 아니한 자

(3) 제27조제3항 또는 제32조제3항에 따른 명령을 위반한 자

(4) 제41조 또는 제42조제7항을 위반한 자

(5) 제42조제1항 또는 제5항을 위반한 총포 · 분사기 · 전자충격기 · 석궁의 제조업자 · 수입자 또는 판매업자

(6) 제44조제1항에 따른 출입 또는 검사를 거부 · 기피 또는 방해하거나 거짓 진술을 한 자

(7) 거짓이나 그 밖의 옳지 못한 방법으로 이 법에 따른 허가 또는 면허를 받은 자

4. 총포 · 도검 · 화약류 등의 안전관리에 관한 법률 제73조(벌칙)

다음 각 호의 어느 하나에 해당하는 자는 2년 이하의 징역 또는 500만 원 이하의 벌금에 처한다.

(1) 제4조의2제3항(제6조의3 및 제25조의2에 따라 준용되는 경우를 포함한다), 제11조제1항, 제17조제2항 · 제4항, 제31조제2항 또는 제37조제1항 · 제2항을 위반한 자

(2) 제8조의2를 위반하여 총포 · 화약류의 제조방법이나 설계도 등의 정보를 인터넷 등 정보통신망에 게시 · 유포한 사람

(3) 제20조제3항에 따른 기술상의 기준을 위반하여 화약류를 폐기한 자

(4) 제23조를 위반한 자

(5) 제26조제1항에 따른 신고를 하지 아니하거나 거짓으로 신고를 한 자

5. 총포 · 도검 · 화약류 등의 안전관리에 관한 법률 제74조(과태료)

(1) 다음 각 호의 어느 하나에 해당하는 자에게는 300만원 이하의 과태료를 부과한다.

1) 제9조제5항, 제11조제2항, 제20조제1항, 제27조제2항, 제35조 또는 제66조에 따른 신고를 하지 아니하거나 거짓으로 신고를 한 자

2) 제17조제1항 · 제3항, 제32조제4항, 제33조, 제39조제1항 · 제3항, 제63조, 제64조 또는 제65조제2항을 위반한 자

3) 제20조제2항 또는 제39조제4항에 따른 명령을 위반한 자

4) 제26조제3항을 위반하여 화약류운반신고증명서를 지니지 아니한 자

5) 제32조제2항, 제40조제2항 또는 제44조제3항에 따른 보고를 하지 아니하거나 거짓으로 보고를 한 자

6) 제47조제3항에 따른 준수사항을 위반한 자

(2) 제1항에 따른 과태료는 대통령령으로 정하는 바에 따라 소관에 따라 경찰청장, 지방경찰청장 또는 경찰서장이 부과 · 징수한다.

6. 총포 · 도검 · 화약류 등의 안전관리에 관한 법률 제75조(형의 병과)

제70조부터 제73조까지의 규정에 따라 처벌할 때에는 징역과 벌금형을 함께 과할 수 있다.

7. 총포 · 도검 · 화약류 등의 안전관리에 관한 법률 제76조(양벌규정)

법인의 대표자나 법인 또는 개인의 대리인, 사용인, 그 밖의 종업원이 그 법인 또는 개인의 업무에 관하여 제70조부터 제73조까지의 어느 하나에 해당하는 위반행위를 하면 그 행위자를 벌하는 외에 그 법인 또는 개인에게도 해당 조문의 벌금형을 과한다. 다만, 법인 또는 개인이 그 위반행위를 방지하기 위하여 해당 업무에 관하여 상당한 주의와 감독을 게을리하지 아니한 경우에는 그러하지 아니하다.

Chap. 4

보안검색 장비

제1절 보안검색장비 관련규정

제2절 보안검색장비 설치기준

제3절 보안검색장비 운용규정

제4절 보안검색장비 설치시 고려사항

제5절 보안검색장비 소개

제4장 보안검색 장비

제1절 보안검색장비 관련규정

보안검색장비와 관련한 법적 규정을 세부적으로 기술하고 있는 것은 "항공보안"분야이며, 항공보안장비 종류, 항공보안장비 설치기준, 장비운용절차, 장비점검절차 및 유지보수요원 자격기준 등을 가장 자세하게 명시하고 있다.

이에 항공보안법규에서 정한 항공보안장비와 관련한 내용을 중심으로 기술하고자 한다.

1. 항공보안법에서 정한 규정

항공보안법 제27조(항공보안장비)에 따라 공항운영자, 항공운송사업자, 화물터미널운영자 및 상용화주는 국토교통부장관이 고시하는 항공보안장비를 사용하여야 하며 국토교통부장관은 항공보안장비의 종류, 성능 및 운영방법 등에 관한 기준을 정하여 고시하여 운영하고 있다.

2017.10.24일 공포되고 2018.10.25.일 항공보안법이 개정·시행되는 주요 내용은 항공보안장비 성능 인증 및 점검 업무를 「항공안전기술원법」에 따른 항공안전기술원에 위탁하도록 하고 있다.

또한 항공보안장비의 성능 인증을 위한 기준·방법·절차 및 장비운영자가 사용하는 항공보안장비의 성능 검사 등 운영에 필요한 사항을 국토교통부령으로 정하고 있으며, 성능을 인증받은 항공보안장비의 종류, 운영, 유지관리 등에 관한 기준을 정하여 고시하도록 하고 있다.

성능 인증을 받은 항공보안장비가 계속하여 성능을 유지하고 있는지를 확인하기 위하여 국토교통부령으로 정하는 바에 따라 정기적으로 또는 수시로 점검을 실시하여야 하며 우리나라와 항공보안장비 성능 상호인증 협약이 체결된 국가로부터 그 성능을 인증받은 항공보안장비는 우리나라의 항공보안장비 성능 인증을 받은 것으로 규정하고 있다.

항공보안법 제27조의4(시험기관의 지정)에서는 국토교통부장관은 성능 인증을 위하여 항공보안장비의 성능을 평가하는 시험을 실시하는 기관을 지정할 수 있도록 하고 있다.

제27조의6(수수료)에서는 항공보안장비 성능 인증을 받으려는 자는 국토교통부령으로 정하는 바에 따라 인증기관 및 시험기관에 수수료를 내야 한다.

2. 항공보안장비 성능인증기준

항공보안법 제14조의2(성능 인증 기준 등)에 따라 국토교통부령으로 정하는 "항공보안장비의 성능 인증 기준"은 다음 각 호와 같다.

(1) 장비의 기능과 성능, 운용성 및 안전성, 내구성 등이 장비의 설계와 적합하고 성능평가시험 등을 통해 적절한지 여부를 평가하는 것

(2) 항공보안장비를 제작 또는 수입하는 자(제작자)는 성능 인증 기준에 적합한 장비를 생산 또는 수입할 수 있는 능력이 있음(성능 인증 품질시스템)을 갖추거나 증빙할 수 있을 것

항공보안장비의 성능 인증을 위한 기준(성능 인증 기술기준)에 관한 필요한 사항은 국토교통부장관이 정하여 고시한다.

항공보안장비 성능 인증을 받으려는 제작자는 항공보안장비 성능 인증 신청서에 다음 각 호의 서류를 첨부하여 인증기관에 제출하여야 한다.

(1) 사업자등록증 사본
(2) 국내에 거주하는 대리인임을 증명하는 서류(대리인이 신청하는 경우에 한한다)
(3) 장비의 성능 제원표 및 시험용 물품(테스트 키트)
(4) 장비의 외관도 및 사용자취급설명서
(5) 성능인증 장비의 구조·운영방법·유지관리 등에 대한 설명서
(6) 제작자가 갖추고 있는 성능 인증 품질시스템
(7) 장비의 사후관리를 위해 시설·기술 인력의 확보하고 있는 사실을 증명할 수 있는 서류(장비 성능 인증을 위하여 최초로 성능 인증을 신청하는 경우에 한한다)
(8) 그 밖에 국토교통부장관이 정하는 성능 인증 기술기준에 충족함을 입증할 수 있는 서류

인증기관은 제출된 서류를 검토하여 적합하다고 인정하는 경우에는 다음 각 호의 구분에 따라 실시하여야 한다.

(1) 항공보안법 제27조의4에 따른 국토교통부장관이 지정한 시험기관에 성능평가시험을 의뢰하여 할 것
(2) 시험기관과 제작자가 협의하여 작성한 시험계획서를 확인하여 승인 할 것
(3) 제작자의 성능 인증 품질시스템 확인 등

인증기관은 성능 인증 품질시스템 및 시험기관의 성능평가시험 결과 등을 확인하여 적합한 경우에는 항공보안장비 성능 인증서를 신청자에게 발급한다.

3. 항공보안장비 성능평가시험

항공보안법 시행규칙 제14조의4(성능평가시험 등)에 따라 시험기관은 인증기관으로부터 성능평가시험을 의뢰 받은 경우 다음 각 호의 구분에 따라 성능평가시험을 실시하여야 한다.

(1) 제작자와 협의하여 시험계획서를 작성하여 인증기관에 통보 할 것

(2) 국토교통부장관이 정하여 고시하는 성능 인증 기술기준에 적합한지 확인할 것

시험기관은 성능평가시험을 실시한 경우 성능평가시험 결과서를 인증기관에 제출하여야 하며 성능 평가시험을 위한 시험 기준 · 절차 · 방법 등에 관한 세부 사항은 국토교통부장관이 정하여 고시한다.

항공보안법 시행규칙 제14조의5(성능 검사 등)에 따라 "국토교통부령으로 정하는 장비의 성능 검사" 란 「물품관리법」 제16조의2제1항에 따른 조달청장이 정한 경제적 사용연수(내용연수)를 연장하여 장비를 계속 사용하고자 하는 경우를 말한다.

장비의 내용연수를 연장하여 장비를 계속 사용하려는 장비운영자는 인증기관에 장비의 내용연수 연장을 확인 받아 운영하여야 하며 내용연수 연장을 위한 성능 검사 기준 · 방법 · 절차 등에 관한 사항은 국토교통부장관이 정하여 고시한다.

4. 항공보안장비 정기점검

항공보안법 시행규칙 제14조의6(정기 점검 등)에 따라 국토교통부장관은 매년 성능 인증을 받은 장비에 대하여 다음 각 호의 성능확인 · 점검을 실시하여야 한다.

(1) 장비 제작자의 성능 인증 품질시스템 확인

(2) 장비 제작자의 성능인증 신청절차 등의 적정성 확인
(3) 성능 인증을 받은 장비가 인증 받을 당시의 성능을 유지하고 있는지 여부 점검
(4) 기타 국토교통부장관이 필요하다고 인정하는 사항

국토교통부장관은 필요하다고 인정하는 경우에는 정기점검 이외 수시점검을 실시할 수 있으며 점검 및 시정조치계획의 검토 등을 인증기관으로 하여금 수행하게 할 수 있다.

세부 점검 기준·방법·절차 등에 관한 필요한 사항은 국토교통부장관이 정하여 고시한다.

5. 인증심사위원회 구성 및 운영

항공보안법 시행규칙 제14의9조(인증심사위원회 구성·운영 등)에 따라 국토교통부장관은 성능 인증제도를 효율적으로 운영하기 위하여 인증심사위원회 및 시험기관지정 심사위원회를 구성하여 운영할 수 있다. 인증심사위원회는 인증기관의 장이 인증심사위원회를 구성·운영할 수 있다.

인증 심사위원회 및 시험기관지정심사위원회의 구성 및 운영 등 성능인증제도의 시행에 관한 필요한 세부 사항은 국토교통부장관이 정하여 고시한다.

6. 성능인증 기록관리

항공보안법 시행규칙 제14조의10(성능 인증 등에 대한 기록관리)에 따라 인증기관 또는 시험기관은 인증·점검·시험 등 이 법에 따라 시행하는 사항에 대하여는 기록하고 보관 및 관리하여야 하며, 시험기관이

그 업무를 하지 아니하게 되었을 경우에는 1개월 이내에 그 모든 자료를 인증기관에 제출하여야 한다.

장비운영자는 매년 1월말까지 사용하고 있는 장비의 내용연수 현황과 내용연수 연장을 위한 성능 검사 및 내용 연수 지정 현황을 국토교통부장관에게 통보하여야 하며 인증기관으로 하여금 관리하도록 할 수 있다.

7. 수수료 부과

항공보안법 시행규칙 제14조의11(수수료 등)에 따라 인증기관 또는 시험기관이 받을 수 있는 수수료는 다음 각 호와 같이 구분한다.

(1) 성능 인증, 정기 또는 수시점검 비용 : 기본료, 직접인건비, 간접비, 직접경비, 기타경비의 비용을 합산하여 산정한 금액

(2) 성능평가시험, 성능 검사 등 비용 : 기본료, 인건비, 재료비, 장비사용료, 출장비, 기타경비의 비용을 합산하여 산정한 금액

(3) 장비운영자와 제작자는 수수료를 다음 각 호에 따라 인증기관 및 시험기관에 해당 수수료를 납부하여야 한다.

1) 장비의 성능 인증 신청 및 성능평가시험, 인증서 변경 등에 관한 수수료

2) 성능 검사 등에 관한 수수료

3) 정기 · 수시점검 에 관한 수수료

(4) 수수료 납부금액, 납부기간, 납부방법 등에 대한 세부 사항은 인증기관 또는 시험기관이 따로 정한다.

제2절 보안검색장비 설치기준

1. 보안검색장비 설치기준

항공보안장비 운용자는 항공보안법에 따라 보안검색을 실시하기 위하여 국토교통부 고시 「항공보안장비 성능 인증 및 성능 검사 기준」에서 정한 항공보안장비 성능기준에 적합한 항공보안장비를 설치하여야 한다.

항공보안장비를 설치하고자 하는 경우에는 검색수요와 검색방법 등을 고려하여 설치 위치, 대수와 종류를 정하고 설치 위치도를 작성하여 관리하고 유지하여야 한다.

검색장비는 주변의 전자기기 또는 다른 검색장비 등 주변 환경의 영향을 받지 않도록 장비별 설계기준에 따라 설치하여야 한다. 항공보안장비별 기능 및 성능기준에서 정하지 아니한 사항은 장비운용자는 해당 장비에 대한 필요한 세부 사양을 별도로 정하여 운용할 수 있다.

항공보안장비 종류는 X-ray검색장비, 금속탐지장비, 폭발물탐지장비, 폭발물흔적탐지장비, 액체폭발물탐지장비, 원형검색장비, 신발검색장비 등이 있으며 용어정의는 다음과 같다.

1) "X-ray검색장비"란 X-ray발생장치를 이용하여 검색대상물에 엑스선을 조사(照射)하고 그 내용을 모니터에 영상으로 표시하는 검색장비
2) "금속탐지장비"라 함은 전기 자기장을 이용하여 금속물체를 탐지하는 검색장비
3) "폭발물탐지장비"란 이온분석, 엑스선 검색, 중성자 검색, 기타 탐지 방법 등에 의하여 폭발물 및 폭약성분을 탐지하는 장비
4) "폭발물흔적탐지장비"란 검색대상물에 묻어있는 화학성분을 흡입하여 화학적인 이온분석 방법 등을 이용하여 폭발물 및 폭약성분의

흔적을 탐지하는 장비

5) "액체폭발물탐지장비"란 폭발성이 높거나 연소성이 높은 액체류 위험물 및 액체상태의 폭약성분을 탐지하는 장비

6) "원형검색장비"란 금속탐지장비에 의하여 탐지하기 어려운 무기 또는 폭발물 등 위험성이 있는 물건을 신체에 대한 접촉없이 탐지하여 그 내용을 모니터에 영상으로 표시하는 검색장비

7) "신발검색장비"란 금속탐지기로 검색이 어려운 신발 아래쪽과 발목 등에 은닉한 위험물을 탐지하는 장비

8) "점검용 시험물품"이란 검색장비의 정상작동 여부를 점검하거나 검사(檢査)하기 위하여 인증을 받았거나 장비 제작사에서 해당 장비의 성능검사를 목적으로 제작 또는 권고한 시험물품

(1) X-ray검색장비 기능 및 성능기준

1) 엑스선 검색장비 모니터는 19형 이상
2) 화면 확대기능은 2배, 4배 또는 그 이상 조정 가능
3) 이미지는 최소 10개 이상 최근에 저장된 순서로 검색가능
4) 유기물질과 무기물질 제거기능과 유기물질, 무기물질과 혼합물질은 색상으로 서로 구분되어야 함
5) 최소 4색 이상의 물질과 밀도의 차를 표시할 수 있는 기능
6) 색 농도 조정기능
7) 고장발생시 고장내용을 모니터에 표출기능
8) X-ray 검색장비는 대상물 검색시 사각이 없어야 함
9) 휴대물품 X-ray검색장비는 컨베이어 벨트가 전진/후진가능
10) 위탁수하물 X-ray검색장비는 수하물처리시스템과 연계운용
11) 검색장비는 잠금장치를 장착
12) 비정상상황 발생시 운용 중단이 가능한 비상차단장치 설치

(5) 폭발물탐지장비(위탁수하물 검색용) 기능 및 성능기준

1) 컨베이어가 일정한 간격으로 수하물이 이동되도록 설계되어야 하며 다만, 독립적으로 운영되는 경우는 예외로 함
2) 일정 성능유지 및 24시간 연속적으로 작동
3) 설치장소에서 장애를 진단할 수 있는 기능 포함
4) 24시간 마다 최소 1회 자가 진단기능
5) 검색된 이미지 저장기능과 반복하여 확인할 수 있는 기능
6) 안전장치(비상경보장치,전원표시기,비상정지버턴)이 정상작동
7) 원자력안전법 방사선 발생장치기술기준에서 정한 방사능 노출 요건 등을 충족, 방사선 누출량은 0.5mR/h (5uSv/h) 이하
8) 제작사가 권고하는 성능 검사를 시행하여 성능 검증
9) 장비 제작국가 등 장비인증 공인기관에서 인증받은 장비

(6) 폭발물 흔적탐지장비 기능 및 성능기준

1) 자체적으로 교정할 수 있는 자동교정기능
2) 탐지된 폭발물에 대한 폭약 종류를 표시할 수 있는 기능
3) 새로운 폭발물 또는 폭약관련 자료입력 및 운영하는 기능
4) 자료 상태표시와 경보음을 나타내는 기능
5) 탐지 가능한 폭발물의 종류는 최소 10가지 이상
6) 최소 0.5 나노그램 폭약을 감지할 수 있는 감응도 유지
7) 폭발물 탐지시 오경보율은 최소 1% 이내
8) 폭발물 탐지 분석결과를 저장하거나 재생하는 기능
9) 폭발물 탐색의 자동분석 시간은 최대 10초 이내
10) 제작사가 권고하는 성능 검사를 시행하여 성능 검증

(7) 액체 폭발물탐지장비 기능 및 성능기준

1) 탐지 가능한 액체류 폭발물질은 10가지 이상
2) 검색대상물 용기를 개봉하지 않고 분석할 수 있는 기능
3) 검색대상물이 위험물질인 경우 즉시 영상표시, 경고음 발생
4) 액체폭발물 탐색의 자동분석 시간은 최대 20초 이내
5) 제작사가 권고하는 성능 검사를 시행하여 성능 검증
6) 장비 제작국가 등 장비인증 공인기관에서 인증받은 장비

(8) 원형검색장비 기능 및 성능기준

1) 금속탐지장비로 탐지가 어려운 무기 또는 폭발물 등 위험성이 있는 물건을 신체 접촉없이 신속하게 탐지가능
2) 위해물품을 자동 분석 후 시각 및 청각으로 위치 자동 표출
3) 위해물품을 탐지하여 위험 위치를 자동표출 시 인체 모형 이미지 상에 앞면과 뒷면으로 표출
4) 검색대상자의 사생활 보호를 위해 신체 이미지는 보관·출력·전송 및 저장할 수 없어야 함
5) 장비상태 자가진단기능과 이상발생시 자동 정지기능
6) 공인기관으로부터 인체 안전 적합성 인증받은 장비
7) 제작사가 권고하는 성능 검사를 시행하여 성능 검증
8) 장비 제작국가 등 장비인증 공인기관에서 인증받은 장비
9) 원형검색장비에 의한 검색이 어려운 승객(유아, 노약자 및 장애인 등)은 문형금속탐지장비로 보안검색 실시가능

(9) 신발검색장비 기능 및 성능기준

1) 신발 밑창, 발목부위 등에 숨겨진 칼, 총기 등 위험물 탐지

2) 위험물을 탐지한 경우 즉시 청각 또는 시각으로 표시
3) 신발 한 면당 5초 이내 검색완료
4) 제작사가 권고하는 성능 검사를 시행하여 성능 검증

2. 보안검색장비 성능검사

보안검색장비는 다음의 경우에 장비 매뉴얼에 따라 최초 가동시 점검용 시험물품을 이용하여 1회 이상 반드시 성능검사를 실시하여야 하며, 그 결과를 이력카드에 기록하고 유지하여야 한다.

(1) 장비를 설치하거나 이전한 경우(단, 휴대용금속탐지장비, 폭발물흔적탐지장비, 액체폭발물탐지장비, 신발검색장비는 제외)
(2) 장비성능에 영향을 주는 중요부품을 교체하거나 수리한 경우(중요부품은 운용자가 정하여 이력카드에 기록한다.)

제3절 보안검색장비 운용규정

1. 보안검색장비 운용절차

운용자는 보안검색장비의 표준운용절차와 예비운용절차를 수립하고 이에 따라 장비를 운용하여야 한다.
외부의 간섭 등에 의한 검색장비의 오작동 또는 고장 등의 발생을 사전에 예방할 수 있는 조치를 강구하고 시행하여야 하며 보안검색장비별 이력카드를 작성 비치하여 검색장비의 설치, 이전, 철거, 폐기 등의 내용을 기록하고 유지하여야 한다. 다만, 정비와 보수에 관한 사항은 유지보수일지에 기록하고 유지하여야 한다.

2. 보안검색장비 미작동으로 보안검색 실패시 조치

항공보안법 제19조(보안검색 실패 등에 대한 대책)에 따라 공항운영자, 항공운송사업자 및 화물터미널운영자는 보안검색장비가 정상적으로 작동되지 아니한 상태로 검색을 하였거나 검색이 미흡한 사실을 알게 된 경우에는 즉시 운용자에게 보고하고, 운용자는 국토교통부 장관에게 보고하여야 한다.

운용자는 보안검색장비에 장애가 발생하거나 정비 또는 예비품의 교체 등으로 운영을 일시 중지한 후 이의 운영을 재개하는 경우에는 예비운용절차에 따라 당해 검색장비에 대한 점검을 실시한 후 운영하여야 한다.

3. 보안검색장비 점검

보안검색장비의 정상적인 작동을 위하여 운용자는 다음과 같이 정기점검과 특별점검을 실시하여야 한다.

(1) 정기점검은 일일점검, 주간점검, 월간점검, 분기점검, 반기점검 및 연간점검으로 구분하며, 각 점검은 그 점검항목을 달리하여 실시하고, 연간점검 시는 성능검사를 통해 종합적인 점검이 될 수 있도록 한다. 다만, 휴대용 금속탐지장비의 일일점검 및 주간점검은 생략할 수 있다.

(2) 특별점검은 항공보안사고 발생시 확인이 필요한 경우, 항공보안 위협의 증가에 따라 점검이 필요한 경우, 기타 국토교통부장관의 지시 또는 지방항공청장의 지시에 의한 경우에 한하여 실시하여야 한다.

(3) 운용자는 장비가 검색에 사용되기 전 정상작동 여부를 확인하는 일상점검을 보안검색요원이 실시하도록 할 수 있다. 일상점검을 실

시한 경우 일일점검을 생략할 수 있다.

보안검색장비 점검을 실시하는 경우에 운용자는 검색장비의 종류와 특성을 고려한 개별 장비별 자체 점검표를 작성하여 점검을 실시하고 그 결과를 기록하고 유지하여야 한다.

정기점검 및 특별점검을 위해 자격을 갖춘 소속직원을 지정하거나, 장비제작사(장비설치업체 포함) 또는 유지보수 전문업체에 위탁하여 점검을 실시할 수 있다. 다만, 위탁하여 점검을 실시한 경우 운용자는 매월 점검 결과를 최종 확인하여야 한다.

4. 보안검색장비 유지보수요원 자격 등

운용자는 다음 중에 어느 하나에 해당하는 자격을 갖춘 사람 또는 업체에 위탁하여 검색장비를 유지 · 보수하도록 하여야 한다.

(1) 장비제작사 또는 설치업체에서 교육을 이수한 사람 또는 파견된 전문기술자

(2) 국가가 인정한 전문교육기관에서 해당 업무에 대한 전문교육을 이수한 사람

(3) 「국가기술자격법」에 의하여 전자 · 정보통신 · 전기 · 기계분야 산업기사 이상의 기술자격증을 소지하고 해당 자격분야에 3년 이상 종사한 사람

유지보수요원은 국가민간항공보안교육훈련지침 제23조(유지보수요원)에 따라 항공안전보안장비 유지보수요원에 대해 초기교육(40시간이상)을 이수하도록 하여야 하며 다만, 상기와 같이 자격을 갖춘 사람은 초기교육을 이수한 것으로 본다.

유지보수요원은 정기교육에 다음의 사항이 포함된 교육을 연 1회 8시간 이상 실시하여야 한다.

(1) 검색장비별 기능
(2) 검색장비별 동작원리 및 운용절차
(3) 검색장비별 긴급상황 발생시 대응요령
(4) 검색장비별 장애처리절차
(5) 안전수칙과 유지보수 절차 등

5. 보안검색장비 유지·보수

운용자는 장비의 성능이 유지되도록 표준운용절차 또는 제작사의 해당 장비별 매뉴얼에서 정한 기준에 따라 유지 관리하여야 한다.

운용자는 소속직원을 지정하거나 장비제작사(장비설치업체를 포함) 또는 유지보수 전문업체에 위탁하여 검색장비 및 검색장비 운용에 필요한 장비를 관리하여야 한다.

보안검색장비를 유지 · 보수하는 경우 다음 사항을 기록 · 유지하여야 한다.

(1) 검색장비의 점검, 조정, 정비 등 유지보수에 관한 사항(다만, 정기적으로 실시하는 점검에 관한 사항은 제외)
(2) 검색장비의 운용중지 또는 기타 장애가 발생된 경우에는 일시, 원인 및 조치사항
(3) 검색장비운용에 관련된 지시 · 통보 · 보고사항 등 유지보수에 참고가 될 사항

보안검색장비의 오작동이나 고장 또는 결함이 발생한 경우에는 응급복구 및 장비교체 등 필요한 조치를 즉시 취하여야 하며 정기점검표, 장비운용자료 입력사항 및 장애복구절차 등이 표준운용절차에 포함되어 활용할 수 있도록 하여야 한다.

보안검색장비의 신규설치, 교체 또는 개량으로 운용절차의 변경이 필

요한 경우 해당 장비에 대한 표준운용절차와 예비운용절차를 수정, 보완하여야 한다.

측정장비의 용도, 사용빈도 및 안전성을 고려하여 측정장비의 성능 및 정확도를 유지하는 방안을 수립하여 관리하여야 한다.

6. 예비품 관리

보안검색장비의 고장 등 장애가 발생할 경우 긴급복구를 위한 예비품의 정수를 정하여 이를 확보하고 서식에 따라 관리하여야 한다.

예비품은 별도의 장소에서 부품 성능이 저하되지 않도록 보관하고 관리되어야 한다. 다만, 예비품의 성능저하가 예상되거나 성능유지를 위한 별도의 보관장소가 필요한 경우에는 외부 전문업체에 위탁하여 관리할 수 있다.

7. 보안검색장비 연간관리계획 수립

운용자는 다음의 사항이 포함된 검색장비의 관리와 유지보수계획을 당해연도 시작전까지 수립하여 국토교통부장관에게 제출하고 이를 시행하여야 한다.

(1) 검색장비 관리 및 유지보수 방침

(2) 검색장비 관리 및 유지보수 체계

(3) 관리대상 장비현황

(4) 유지보수 계획 및 유지 보수자 관리 계획

(5) 유지보수요원 교육 계획

(6) 계측기 관리 및 예비품 관리계획

(7) 기타 필요한 사항

8. 기록유지

운용자는 다음의 서식에 따라 보안검색장비의 운용과 관리에 관한 사항을 종이 문서 또는 전자 문서 형태로 기록하고 유지하여야 하며, 유지보수일지는 2년 이상, 기타 기록은 해당 장비 폐기 시까지 보관하여야 한다.

(1) 검색장비 이력카드

(2) 유지보수일지

(3) 예비품 관리대장

(4) 정기점검을 위해 개별 장비별로 작성하는 자체 점검표

9. 고지의무

운용자는 보안검색장비를 사용하여 보안검색 업무를 수행하는 경우에 사진관련 장비 또는 고감도필름 등 검색 대상물이 손상될 수 있다는 사실을 보안검색 전에 피검색자에게 고지하여야 하며, 이용승객이 확인할 수 있도록 표시(標示)를 하여야 한다.

10. 보안검색장비 교체 및 폐기기준

보안검색장비별 내용연수의 기준은 조달청장 고시에 따라 다음과 같으며, 조달청장 고시가 개정되는 경우에는 그에 따른다.

(1) 엑스선검색장비 : 10년

(2) 문형금속탐지장비 : 10년

(3) 휴대용금속탐지장비 : 2년

(4) 폭발물탐지장비 : 11년

(5) 폭발물흔적탐지장비 : 5년

(6) 액체폭발물탐지장비 : 11년

(7) 원형검색장비 : 11년

(8) 신발검색장비 : 10년

운용자는 보안검색장비의 교체시기를 정하기 위하여 매년 정기점검과 특별점검에 따른 성능검사를 점검용 시험물품 매뉴얼에 의해 실시하고, 그 결과를 이력카드에 기록 유지하여야 한다. 다만, 신규도입 장비의 성능검사는 제작사(납품업체)에 의해 성능검사가 실시되는 하자보증기간이 만료된 다음 연도 1월 1일 이후부터 실시한다.

운용자는 장비의 성능이 저하되지 않도록 적정시점에 검색장비를 교체하여야 하며, 내용연수를 초과하여 사용할 수 없다. 다만 내용연수가 도래하였더라도 매년 장비 제작사 또는 국토교통부장관이 인정하는 전문기관의 정밀 성능검사 결과 적합하다는 확인을 받을 경우 내용연수의 경과에도 불구하고 연장사용 할 수 있다.

운용자는 매년 성능검사를 실시한 보안검색장비의 성능이 기준에 미달한 경우에는 내용연수 규정에도 불구하고 해당장비를 교체하여야 한다.

11. 보안검색장비 감도조정

운영자는 「국가항공보안 우발계획」에 따른 항공보안 위협등급별 조치사항에 따라 보안검색에 사용되는 금속탐지기의 감도를 조정하여야 한다.

승객, 휴대물품, 위탁수하물, 화물 및 우편물 등의 검색에 사용되는 금속탐지장비 및 X-ray 검색장비 등의 감도를 조정할 경우에는 보안장비 제조회사 기준을 적용하며, 해당 공항 보안기관에서 정한 기준이 있을 경우에는 그 기준에 따라 조정하여야 한다.

보안검색장비는 지방항공청장이 사전 승인한 점검용 시험물품에 따른 검사 등 성능 테스트를 실시하여 보안검색장비가 최적의 상태가 유지되도록 하여야 한다.

제4절 보안검색장비 설치시 고려사항

1. 휴대용 금속탐지기

금속탐지기의 원리는 간단하다. 자기장의 변화는 도체에 흐르는 전류를 감소시킨다. 전류가 감소되면, 이 전류가 스스로 자기장을 형성한다. 휴대용금속탐지기(HHMD)의 코일은 급격하게 변하는 자기장을 형성한다. 이 자기장은 금속물체 표면에 와류전류라고 불리는 회전전류를 유도한다. 동일 코일 혹은 같은 장치에 감겨있는 2차 코일은 이 회전전류에 의해 형성된 제2차 자기장을 감지한다. 물체를 탐지하는 휴대용금속탐지기의 성능은 물체의 크기와 코일 및 코일이 감긴 형태와 관련된 물체의 방향에 따라 달라진다. 얇은 선으로 구성된 큰 루프는 부피가 적어도 강력한 신호를 발생시킨다. 또한 장비의 성능은 금속에 따라 달라진다. 예를 들면, 철성분을 함유한 금속은 자기장을 집중시켜서 강력한 신호를 발생한다. 금속 문형탐지기에 비해 휴대용금속탐지기의 주요 장점은 가격이 저렴하고, 정밀하며 금속물체의 위치를 정확하게 탐지한다. 또한 보다 작은 물체를 탐지할 수 있는 능력이 있다. 주요 단점은 전체검색에 소요되는 시간이 많이 걸리며, 검색의 효과가 운영자의 능력에 대한 의존도가 심하다는 것이다. 휴대용금속탐지기는 여러 종류가 있다. 많은 휴대용금속탐지기는 성능이 우수하며, 사용이

용이하고 가격이 합리적이며 자동감도 조정기능이 있다. 오래된 탐지기들 중에서 몇몇 휴대용금속탐지기들은 탐지를 하기 위해서는 계속해서 움직여야하는 것이다. 가능하면 이런 장비들은 사용하지 말아야 한다.

2. 문형금속탐지기

문형금속탐지기(WTMD)는 검색받는 사람이 지나가는 문형통로에서는 급격하게 변하는 자기장을 발생시킨다. 이 자기장은 근처 인접해 있는 금속물체에 와류전류라고 불리는 회전전류를 유도한다. 제2차 코일이 이 와류전류에 의해 발생된 2차 자기장을 감지한다. 물체를 탐지하는 문형금속탐지기의 성능은 물체의 부피뿐만 아니라 물체의 형태 및 금속문형탐지기의 코일의 방향에 따라 달라진다. 가느다란 철선으로 이루어진 큰 루프는 부피가 적어도 강력한 신호를 발생시키며 물체의 금속성에 따라 강자성을 띠는 물체는 자기장을 집중시켜 강력한 신호를 내게 된다. 휴대용 금속탐지기에 비해 금속문형탐지기의 주요 장점은 속도와 일관성이다. 금속문형탐지기는 운영자의 능력과 상관이 없다. 코일에서부터 나오는 신호를 처리하는데 사용하는 전자공학기술은 금속문형탐지기의 탐지 특성을 변화시키도록 조정할 수 있다. 말하자면, 비자성체인 청동열쇠가 탐지 감도를 향상시키거나 탐지가 되지 않도록 할 수 있다. 대부분의 제작사들은 사용자들의 요구에 맞는 감도를 조정할 수 있도록 금속문형탐지기의 감도의 범위를 넓게 셋팅하고 있다. 휴대용금속탐지기 및 금속문형탐지기는 원리상 간단하지만, 이런 장비의 선택, 설치, 운영과 관련되어 주의해야할 점들이 있다.

○ 탐지성능 : 탐지성능은 위협에 대항할 수 있어야 한다. 금속문형탐지기가 어떤 종류의 물체를 탐지할 수 있는지, 예를 들어, 큰 장총, 작은권총 및 칼등을 탐지할 수 있는지 결정되어야 한다. 다만, 기존

의 금속문형탐지기는 면도칼날, 주사바늘, 실탄1개 및 기폭장치 등을 탐지하는데 신뢰할 정도는 아니다.

○ 품질관리 : 위협에 적당한 대응을 할 수 있는 성능 테스트에는 간단한 정규테스트가 있다. 점검품목은 검색요원들이 실제적으로 찾아야 하는 가장 작은 물체(탐지가 어려운 물체)를 대표할 수 있도록 선택해야 한다. 점검품목의 예는 본 매뉴얼의 제3장 부록A에 제시되어있다.

○ 안전 : 휴대용탐지기 및 금속문형탐지기에서 나오는 전자기장이 아주 미약하여 인체에 해를 주지 않는다고 해도, 심장박동 조절장치 같은 의학용 임플란트에 영향을 줄 수 있다. 제작자들은 관계당국으로부터 자사의 제품이 이런 임플란트와 같은 의학장비에 방해가 되지 않는다는 것을 증명할 수 있도록 해야 할 필요가 있다.

○ 위치 : 금속문형탐지기의 위치는 장비의 성능에 영향을 줄 수 있다. 장비는 금속물과 같이 큰 금속물질로부터 멀리 떨어진 곳에 위치해야 한다. 한 개 이상의 금속문형탐지기를 인접하여 설치해야 할 경우에는 다른 장비들과 서로 전기적으로 영향을 주지 않게 설치해야 한다.

3. X-ray 검색장비

초기 X-ray검색장비는 흑색, 백색의 이미지만을 운영자들에게 보여주었으나 최근 장비들은 향상된 이미지 표시성능과 폭발물 등 특정물체를 자동으로 탐지하는 기술로 광범위하게 발전하고 있다. X-ray검색장비는 검색 물품 속에 들어있는 품목을 훼손시키거나 열어볼 필요없이 내부에 들어있는 물체를 검색하는 가장 빠르고 편리한 방법을 제공한다. 장비는 기본적으로 승객의 휴대물품을 검색할 수 있는 폭 600mm×높

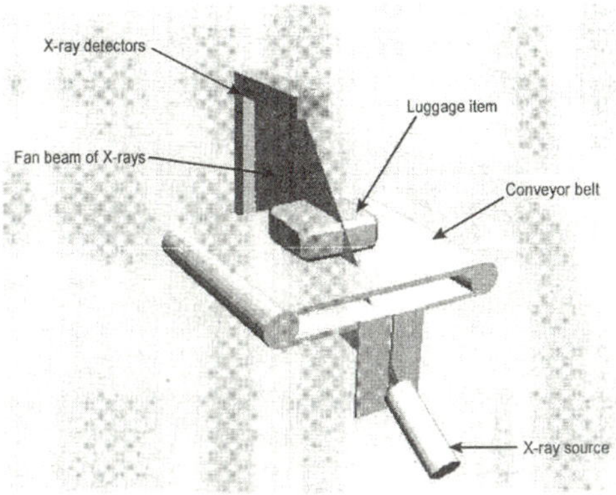

이 400mm의 장비에서부터 대형화물을 검색할 수 있는 폭1.8m×높이 1.8m정도에 이르기까지 다양하다. 이런 다양성은 통과되는 수하물들을 이동시키면서 편리하게 X-ray 검색 이미지를 만들어 낼 수 있도록 할 것이다. 최근의 보안검색장비는 크기와 상관없이 이미지를 만들어 낸다.

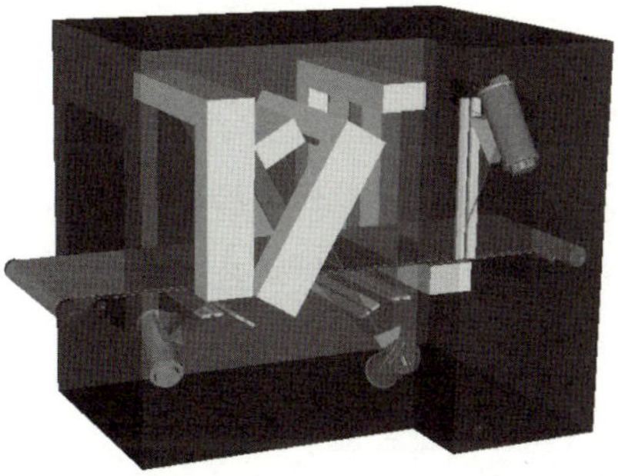

Multi view방식 X-ray검색장비

보안검색받는 물품이 X-ray검색 장비내의 터널속을 지나갈 때, 센서가 X-ray 발생장치를 활성화 시키면 X-ray 모양의 삼각형빔이 형성되어 감지장치를 비추게 된다. X-ray 장비의 컨베이어는 일정한 속도인 0.2m/s로 움직이고 X-ray 빔을 통과하는 물체의 각 부분에 대한 이미지를 찍고 저장하게 된다. 이런 방식으로 이미지가 형성되고 모니터에 표시되게 된다.

(1) 물체의 분류

최근에 제작된 거의 모든 X-ray검색 장비는 다양한 색깔로 물질들을 형태로 나타내는 능력을 가지고 있다. 특히, 유기물질(폭발물, 마약, 가죽, 음식물, 화장품류)을 오렌지색으로 표시되며, 금속으로 만들어진 무기물질(철, 구리, 니켈 등)은 파란색으로 표시되며, 유기물질과 무기물질의 혼합으로 구성된 물질, 알루미늄이나 유리로 된 제품은 녹색으

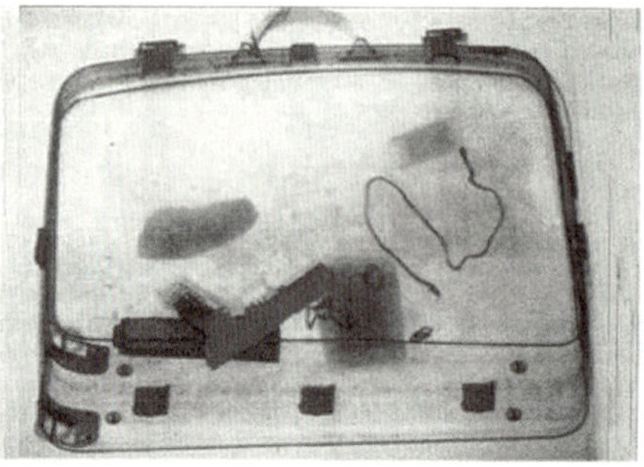

로 표시된다. 예를 들어 두꺼운 금속으로된 일부 품목들은 대부분의 X-ray을 흡수하여 이미지상에는 흑색으로 표시된다. 금속품목에 대한 이런 점들은 운영자들이 위협적인 물품들이 어떤 것들인지 또는 잠재적인 밀수품들이 어떤 것인지를 식별하는데 도움이 된다. X-ray 이미지에 대한 유기물체들이 오렌지색으로, 금속을 비롯한 무기물질은 파란색으로, 아주 농도가 짙은 물체들은 녹색으로 표시되어 있다.

(2) 폭발물 탐지장비

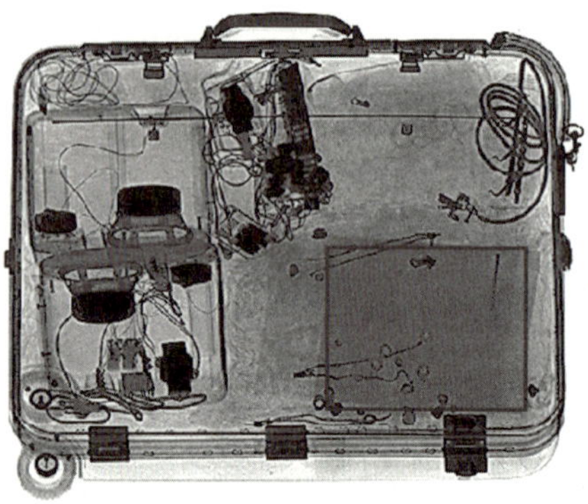

X-ray 이미지

몇몇 행태의 X-ray 장비들은 EDS라고 불리는 폭발물탐지 장비로 알려져 있다. 이런 종류의 장비들은 어느정도는 폭발물과 기타물품을 구별하고, 여러가지 방법으로 운영자들에게 시각적으로 알려준다. 특히 이런 장비들은 공항에서 검색수하물을 검색하는데 사용되어 왔으며, 자동으로 운전되고, 가방내의 폭발물같은 물체의 탐지에 의해 운영자들이 물체의 이미지를 검색할 수 있도록 한다. EDS 이미지에서 밝은 적색부분은 폭발물일 가능성이 있는 물체로서 강조된 것이며, 적색부분의 중앙에 위치한 검정색물체는 기폭장치이다.

4. 컴퓨터 단층촬영방식(CT) X-ray검색장비

컴퓨터 단층촬영(CT)는 물체의 횡단면의 이미지를 2차원으로 보여주는 X-ray검색 기술이다. 다수의 인접된 횡단면을 연결하여 3차원 이미지를 얻는 것이 가능하다. (직선 횡단면 영상은 샘플 투영되어 나오는 수많은 서로 다른 투영에서 얻어진 X-ray 전달 데이터를 컴퓨터가 처리하여 얻을 수 있다.) 이런 측정결과을 얻기 위해, X-ray 빔은 탐지기에서 충분히 높은 신호를 얻기 위해서 물체를 반드시 관통하여야 한다. CT 기술의 중요한 장점은 특정목적의 물체가 주변물질에 가려진다해도, X-ray 전달 측정계수와 물체의 흡수계수를 대상이되는 물체로부터 직접 얻을 수 있다는 것이다. CT기술은 물질을 탐지하고 확인하는데 있어 감도 및 정확성이 아주 우수하다. CT는 특히 폭발물을 탐지하고 무해하면서 Z값이 낮은 물질들을 구별해내는데 사용할 수 있다는 것이다. CT가 물질의 두께를 측정할 수 있으며 물체주위를 1도 각도로 180도 투과영상을 얻을 수 있으며 X-ray 전달 측정치가 전기적인 신호로 바뀌어 컴퓨터가 처리하게 된다. 재설정된 CT 영상은 횡단면의 영상이고 횡단면의 각 지점에 컴퓨터 감쇄계수는 물체위에 존재하는 물체와 무관하게된다. CT의 이미지 재설정 시간은 1분 미만이다. 이런 이미지들은 기존의 X-ray 이미지보다 해상도가 좋지 않다. 가로1mm, 세로 2mm의 해상도는 특히 높은 명암이 필요한 물질의 이미지에 제한적이다. 그러나, CT 이미지는 기존의 X-ray 이미지와 비교하여 조밀도 해상도를 높일 수 있다. CT 시스템의 단점은 장비의 복잡성, 높은 가격, 기존 X-ray 장비와 비교하여 과다한 X-ray 사용 및 작동이 다소 느리다는 것이다. 그러나 이런 단점들은 특정사항에 적용하였을 경우에 향상된 성능을 보인다는 사실을 고려해야 한다.

How computer tomography works

Image acquisition

X-ray imaging CT imaging

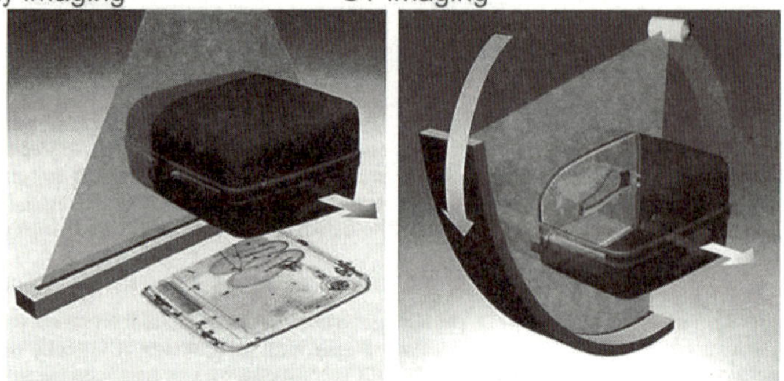

Explosives detection (indicated in red in images below)

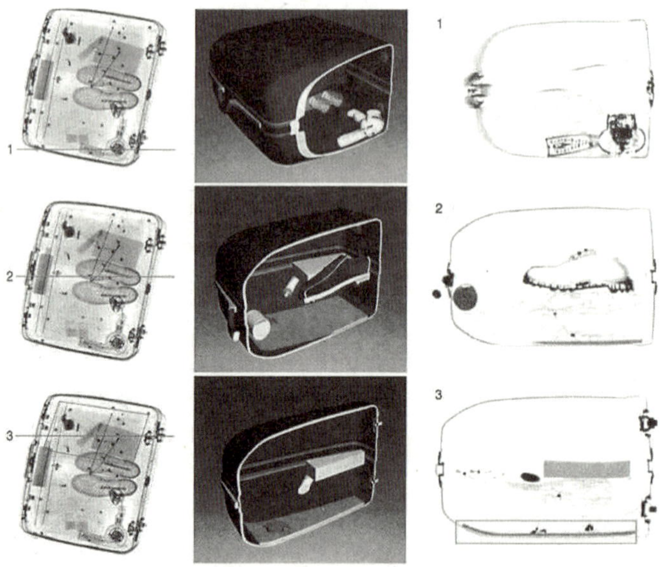

Conventional X-ray alone does not reveal all explosives. CTX combines X-ray with CT (Computed Tomography) to distingush explosives from other objects.

5. 폭발물 흔적탐지장비

폭발물 및 마약들은 분사되는 수증기나 취급시 분산되는 미립자 흔적에 의한 방법으로 탐지될 수 있다. 수증기들은 공기중에서 발견되지만 미립자들은 대부분 물체표면에서 발견된다. 일부 폭발물들과 약물들이 다른 물질들보다 휘발성이 강하기 때문에 수증기 탐지는 일부 물질에만 적합하고 trace 탐지는 기타 물질에 좀더 적합한 방법이다. 예를들어, 니트로글리세린으로 제작된 폭발물들은 수증기 탐지를 통해 탐지가 아주 잘되지만, 반면에 플라스틱 폭발물들은 샘플링 미립자 trace로 탐지가 가장 잘된다. 아주 중요한 사실은 수증기 탐지 장비는 폭발물 수증기의 존재 여부에 의존도가 심하고 수증기가 포함되어 있다고 해도 수증기화 되지 않는 폭발물을 탐지하는 능력을 갖고 있지는 못하다는 사실이다. 특별한 수증기 및 trace 탐지기는 세가지 부분으로 구성되어 있다.

(1) 샘플링 장비

샘플링 장비의 기능은 폭발물이나 약물의 충분한 양을 수집하여 분석하기위해 자료를 제공한다. 수증기들은 보통 수증기가 달라붙은 금속을 통과한 공기를 끌어당김으로서 수집된다. 이 물질이 열에 의해 수증기가 발생하는 분석장치로 이동한다. 미립자 흔적(trace) 탐지는 보통 작은 종이조각이나 헝겊으로 표면을 닦음으로서 이루어지게 된다. 종종 진공청소기와 비슷한 장치들이 미립자들을 필터로 이동시키고 실험용 기구로 이동시키는 데 사용될 수 있다. 두 가지 경우에 있어서, 미립자들은 분석의 첫 번째 단계로서 수증기로 변하게 된다.

(2) 분석장비

샘플로부터 얻은 수증기 분석은 두 가지 단계로 이루어진다. 서로 다른 형태의 수증기들은 첫 번째 단계로 서로 분리가 된다. 보통 “기체색층분석” 또는 “이온 이동 분광”이라 불리는 기법으로 이런 분리가 이루어진다. 기체색층분석에서 수증기들은 칼럼이라고 불리는 좁은 튜브를 통과하는 기체 운반자에 의해 운반된다. 칼럼의 내부는 수증기 분자들이 달라붙은 물질-고정면-로 덮여있다. 분자들은 끊임없이 스스로 벽에 달라붙어다 떨어지고 다시 벽에 붙기전에 기체 운반자에 의해 홀로 운반되기위해 떨어진다. 벽 사이의 분자들과 운반자들의 끊임없는 상호교체는 서로 다른 종류의 기체들이 서로 분리가 되고 어떤 순간에 칼럼의 끝부분으로부터 나오게된다는 것을 의미하는 것이다. 분자의 형태와 고정면사이의 끌어당김이 클수록 밖으로 나오는 시간이 오래 걸린다. 대부분의 폭발물들과 마약들은 실온에서 고체이기 때문에 칼럼은 이런 물질들을 수증기형태로 유지하기 위해 높은 온도를 유지하게 된다.

(3) 정보처리장치

기체색층분석 및 이온이동분광기를 갖는 탐지기는 광범위한 물질에 반응을 보인다는 점에서 다소 선택적이지는 못하다. 장비로 하여금 서로 다른 물질들을 구별해낼 수 있는 성능을 부여하는 것이 분리와 탐지의 결합인 것이다. 모든 물질들은 전기적인 신호가 시간에 따라 변한다. 이런 신호들은 최대치를 형성하면서 올라갔다가 내려간다. 각 피크점들의 위치는 어떤 특별한 물질이 있음을 인식시키게된다. 각 피크의 위치와 면적은 존재하는 물질의 양과 관련이 있다. 피크치의 측정과 측정값의 확인은 자동적으로 컴퓨터 소프트웨어에 의해 진행되고 경보음이 발생하여 폭발물인지 마약인지를 알려줄 수 있게 하는 것이다.

컴퓨터 장비는 각각이 독특한 폭발물이나 마약에 반응을 보이도록 프로그램화되어 있다. 어떤 분석기술을 사용하든지 분석기술은 폭발물이나 마약의 흔적과 함께 수집되는 파편이나 오물을 처리할 수 있는 성능을 갖고 있어야 한다. 또한 대부분의 운영 시나리오에 사용할 수 있는 극소량의 폭발물이나 마약을 탐지할수 있을 정도의 민감도를 보여야 한다. 일반적으로 마약이나 폭발물들은 서로 너무 달라서 동시에 탐지할 수 있는 장치가 없다. 그러나 이온이동분광을 이용한 장치는 폭발물탐지에서 마약탐지로 쉽게 전환할 수 있다. 운영 셋팅상태에서 수증기나 흔적(trace) 탐지기의 성능을 예측하거나 측정하는 것은 아주 어렵다. 왜냐하면, 샘플링장비와 분석장비의 효율성 뿐 만 아니라 탐지된 폭발물의 특성과 폭발물이 취급되거나 숨겨진 방법에 따라 달라질 수 있기 때문이다. 이런 이유와 수증기와 흔적(trace) 장비가 아주 비싸기 때문에, 사용자들이 장비를 구매하기 전에 능력 있고 중립적인 조언을 구해야 한다.

6. 폭발물 탐지견

훈련된 폭발물 탐지견들은 숨겨진 폭발물을 탐지하는데 효과적인 방법이다. 이런 탐지견들은 보안관련기관, 군, 항공보안과 관련이 있는 법집행조직에서 사용되고 있다. 폭발물 탐지견은 제1차 세계대전이후 여러 분야에서 다양하게 활용한 군대일 것이다. 초기에 탐지견들은 경비와 순찰임무를 맡았으나, 최근에는 화재, 마약 및 폭발물 탐지에서 중요한 역할을 하고 있다.

(1) 탐지물질

탐지견들은 폭발물과 같은 다양한 물체들을 탐지하기위해 훈련을 받는

다. 일반적으로 탐지견들은 폭발물들과 마약류를 탐지하도록 훈련되지만 두 개의 복합물을 탐지하도록 훈련되지는 않는다. 적어도 원칙적으로 탐지견들이 훈련을 받아 탐지하지 못하는 폭발물은 없다. 이온 이동분광기나 대부분의 첨단기술관련 흔적(trace)탐지장비들은 탐지되는 합성물품들과 어떤 한 가지 물질을 탐지하는 효과간에 균형(trade off)이 존재한다.

(2) 훈련

폭발물 탐지견 훈련은 개, 개 취급자, 조련사 및 시험을 관찰하고 증명서를 발급하는 사람들이 연관된 복잡한 과정이다. 탐지견들은 최초의 선택과 인증과정, 연간 사전인증과정, 반년 혹은 연간 증명시험 및 정규월간 훈련을 받도록 권고하고 있다. 모든 테스트에서, 탐지견들은 5%이상의 비생산적인 반응율을 보여서는 않된다. 일반적인 신념과는 반대로, 개들은 폭발물을 탐지할 수 있도록 훈련받을 수 있지만, 많은 종들의 특성과 크기 때문에 적합하지 않은 종류가 많다.

(3) 탐지견 훈련방법

정상적으로 탐지견들이 약 100일간의 훈련을 받은 후에 초기 인증이 이루어진다. 초기인증과정에는 27개의 목표물 또는 지상 2.5m 높이에 숨겨놓거나 지하 1m 정도 깊이에 묻어 놓는 훈련보조장비들이 포함되어 있다. 인증 및 증명 최대 탐지 시간은 최대 15분에서 20분정도이다. 증명 시험은 6개월마다 실시되며 탐지견팀과는 무관한 전문가에 의해 진행된다. 보통 20가지의 훈련보조장비를 이용한다. 이 훈련 보조장비들은 bulk 폭발물 샘플 뿐만 아니라, 혼란을 일으키는 물건(개들이 후각을 교란하는 물체)들이 포함된다. 교란물체는 교란물체가 있을 경우 탐지견의 폭발물질 탐지능력을 향상시키는데 사용된다.

연간 사전 증명운영 테스트는 9가지 훈련 보조기구를 사용한다. 월간 훈련 또한 다양한 시나리오에 따라 9개의 훈련용 후각물질을 사용한다. 여기에는 매 임무 주기마다 개 한 마리당 4시간의 훈련시간이 필요하다. 탐지견이 실제로 폭발물을 탐지했을 때에만 시간을 측정하여 4시간이 되게 하고 주어진 탐지시간이 20분정도 걸리기 때문에 보통 각각의 탐지견들이 매주 훈련을 해야한다는 것을 의미한다. 30일 기간 동안에 재교육에 실패하면 탐지견에 대한 재 증명을 해야 한다.

(4) 탐지견 이용의 장점과 한계

모든 폭발물 탐지 기법과 마찬가지로, 탐지견의 이용은 독특한 장점을 갖고 있으며 또한 몇가지 한계점을 갖고 있다. 탐지견의 사용에 있어 가장 중요한 두 가지 장점은 다음과 같다.

- 이동성 : 탐지견과 탐지견 취급자는 방, 빌딩 또는 바깥 지역을 이온이동 분광계 혹은 기타 기술을 이용한 탐지장비를 갖고 다니는 사람들 보다 훨씬 빨리 이동할 수 있다. 이런 탁월한 이동성 때문에, 탐지견들은 종종 항공기, 빌딩 및 차량검색을 포함하는 중대한 검색상황이 존재하는데 있어서 추적탐지방법이 되고 있다. 또한 탐지견들은 지뢰탐지 또는 보안지역의 경계부분에서 발견된 의심물체의 조사와 같이 비교적 원격의 거리에 존재하는 목표물에대한 조사, 분석에 이용되고 있다. 기술기반 trace탐지 장비의 이동성은 기술이 소형화와 함께 개선될 것으로 기대하고 있지만, 현재 사용되고 있는 거의 모든 장비들은 너무 커서 한 사람의 힘으로 이동하기가 어렵고 이런 측면에서 탐지견의 이동성과 비교할 수 없다.
- 출처확인 : 냄새를 따라가 출처를 확인하여 폭발물의 위치를 알아내는 능력은 아마도 이동성보다 훨씬 중요하다. 기계적인 추적탐지

장비는 일정시점에서 폭발물 수증기나 분자들이 탐지되고 있는지를 결정할 수 있으나 현재로서는 신호가 증가하는 방향을 결정할 수 있는 능력이 없다. 게다가, 추적 샘플들이 다양한 지점에서 수집되고 분석되어 냄새가 증가하는 어떤 방향을 제공할 수도 있으나 이 과정은 아주 시간이 많이 들고 노력이 필요한 과정이다. 탐지견은 즉각적인 반응을 보이는 아날로그 탐지기라서 일단 냄새를 맡으면 냄새의 출처쪽으로 빠르게 움직인다. 강조하지만, 이것은 탐지와 관련하여 가장 중요한 장점인 것이다.

탐지견의 장점을 이용할 수 있는 다른 상황은 유인물질, 탐지 속도에 비해 좋은 감각과 선택성, 그리고 다양한 업무환경에 대한 적응성을 들 수 있다. 그러나, 앞서 언급한 이동성이나 출처확인 능력처럼 기계 추적탐지 장비에 비해 명확한 장점이라고 할 수 없는 것들이 있다. 왜냐하면, 대부분의 기계장비들이 이런 환경에서는 좋은 성능을 보이기 때문이다. 특히 선택성과 감각을 수량화하는데 어려움이 있고 탐지견과 기술기반 탐지 장비들 사이의 직접적인 비교를 하기는 어렵다는 것이다.
탐지견 탐지의 한계들 중에서, 아마도 짧은 "임무주기"가 가장 주요 한계점일 것이다. 기계장비와는 다르게, 탐지견은 24시간 활동할 수는 없다. 일반적으로, 탐지견은 휴식을 취하기전에 40분에서 60분정도 일을 할 수 있다. 이상적으로, 이런 사실은 탐지견들이 어떤 건물 안으로 들어가는 사람들에게서 폭발물 탐지를 위해 많은 사람들을 검색해야하는 장시간의 반복적이고 일상적인 일들을 하는데는 적합하지 않다는 것이다. 또 다른 단점은 현대의 기계장비들과는 다르게 탐지견들은 어떤 종류의 폭발물을 탐지했는지 말을 할 수가 없다는 것이다. 탐지견이 탐지했다는 신호를 보낼 때 그 지역에서 관련된 폭발물의 종류를 결정하기 위해 기술기반 장비에 의한 분석을 위해 몇 가지 swipe 샘플을 얻을 수 있는 것은 장점이 될 수도 있다. 또한 탐지견의 성능은 취급자의 탐지견으로 부터의 신호를 해석하고 탐지견이 임무에 관심을 갖도록 하는 탐지견 취급자의 능력에 영향을 받으며, 탐지견 취급자의 선택과 훈련은 효과적인 탐지를 위해 탐지견의 선택과 훈련만큼이나 중요하다.

일반적으로 탐지견들은 사람을 물 수도 있다는 사실과 개를 사람들이 두려워한다는 사실에 대한 신뢰성 문제 때문에 사람을 검색하는데 사용하지는 않는다. 또한 탐지견의 능력은 아주 더운 날 보다는 서늘하고 구름 낀 날에 탐지를 더 잘하는 능력을 갖고 있어 외부 환경에 대해 반대의 영향을 받고 있다. 아마도 이런 사실은 탐지견들이 서늘하고 구름 낀 날을 보다 좋아하기 때문일 것이다. 어떤 경우에 있어서, 탐지견들은 일시적인 병세로 인해 탐지능력이 떨어지게 되는데 이런 증세를 경험 있는 취급자조차 잘 모를 수가 있다.

중요한 점은 보안검색장비 유지비용에 비해 탐지견과 관련된 수의비용, 훈련비용, 손질비용, 사료비용과 같은 유지비용에 관련된 것이다. 탐지견들이 월마다 훈련을 받아야 하기 때문에 시간이 또 하나의 문제로 대두 될 수 있다. 마지막으로, 탐지견 탐지는 탐지 방법 중에서 가장 이해가 어렵고 가장 비과학적인 방법인 것이다. 예를 들어, 실제로 C-4를 탐지하도록 훈련을 받은 탐지견이 RDX 혹은 같은 물질내에 존재하는 기타 다른 화학물질을 탐지했는지 분명하지가 않다. 계속적인 탐지 노력으로 다른 환경에서 탐지견이 찾은 실제 물건에 대한 문제의식을 갖게 하도록 해야 한다.

폭발물 탐지견의 사용에 가장 적합한 몇가지 탐지 응용에는 차량, 수하물, 창고, 항공기, 건물, 사무실 및 건물, 주차장 및 재산권 경계구역과 직접 인접한 외부지역에 대한 탐지가 포함된다. 검색이 이루어지는

지역에는 탐지견이 주기적인 휴식이 필요하다는 사실을 의미한다. 앞서 언급했듯이, 통상적으로 개들은 신뢰성문제 및 일부 사람들이 개를 무서워하기 때문에 사람을 검색하는데 사용하지 않는다. 여러 응용면에서, 탐지견과 기계장비를 이용한 혼합적인 접근법은 탐지견이 발견한 것을 확인하는데 기계장비를 사용하고 그 물질을 확인할 수 있어 아주 유용하다.

비용 및 유지는 국가가 탐지견을 구매하는 방법과 훈련시키는 방법에 따라 달라진다. 일부 국가는 폭발물탐지견을 얻기 위한 통합구매시스템을 갖고 있으며 모든 훈련을 수행하고 있다. 기타 국가들은 민간계약자들에게서 훈련된 탐지견을 구입할 수 도 있다. 특히 초기 훈련은 최소 2명의 사람이 필요하고 3개월의 기간이 필요할 것이다. 일단 탐지견을 구매하였다면, 월간 훈련내용이 필요하다. 종종 이런 내용들은 관련된 기관에 의해 실내에서 진행되게 되고 주요 비용은 훈련에 참여하는 인력의 시간급이다. 또한 훈련내용은 계약자에게서 얻거나 지역경찰이나 보안기관 훈련에 참가함으로서 얻을 수 있다. 탐지견의 사육비용 및 수의비용을 반드시 고려해야 한다.

제5절 보안검색장비 소개

1. 문형금속탐지기(WTMD: Walk Through Metal Detector)

문형금속탐지기는 양방향 탐지능력이 있어 WTMD를 양방향에서 통과할 때 무기류 등 위해물품을 탐지가 가능하며 위해물품이 감지되면 경보 및 경보부위에 대해 알려주며 조그마한 무기류도 탐지 가능(0~

100단계 감도레벨 조정)하고 자기장의 원리를 이용하므로 신체에는 영향을 주지 않는다.
문형금속탐지기의 종류는 제작사에 따라 여러 종류의 모델이 있고 장비의 정상적인 작동여부 확인을 위해서는 문형금속탐지기의 전원이 ON으로 되어 있는지 확인하여야 한다. 전원이 ON으로 되어 있는 경우 문형금속탐지기의 좌측 상부 전면 표시등이 적색으로 점멸되고 있으면 정상 작동되고 있는 상태여부, 금속물체를 소지하고 문형금속탐지기를 통과할 때 경보음이 울리면서 표시판에 적색표시(****)가 되고 전면 좌, 우측면에 적색 표시구간이 1개소 이상 표시되면 정상상태 등을 확인하여야 한다. 장비를 계속 사용하지 않을 경우에는 문형금속탐지기는 전원 공급에 의해 작동되는 것으로, 계속 사용하지 않을 때는 검색 감독관의 지시에 따라 전원스위치를 OFF에 놓는다. 문형금속탐지기는 외부의 충격 또는 금속물체에 의해 경보 오류가 발생할 수 있으므로 검색장비 사용 시 주의하여야 하고 문형금속탐지기 사용 시 전원표시 상태, 경보음 및 경보표시 기능 등이 정상적으로 작동되고 있는 지 항상 관리를 하여야 한다. 장비에 이상상태가 발견되면 즉시검색감독관에게 보고하여야 한다. 문형금속탐지기의 감도는 최적의 상태로 설정되어 있으므로 보안검색감독관의 허가 없이 조정해서는 아니 된다.

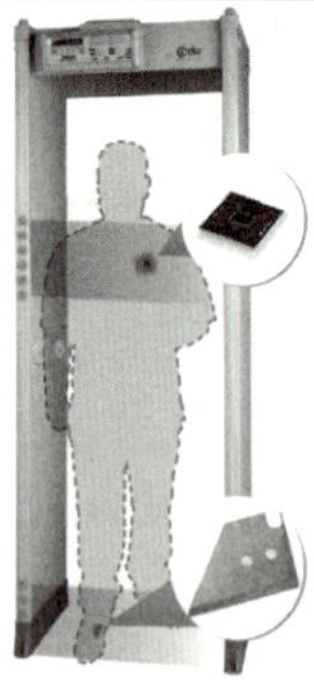	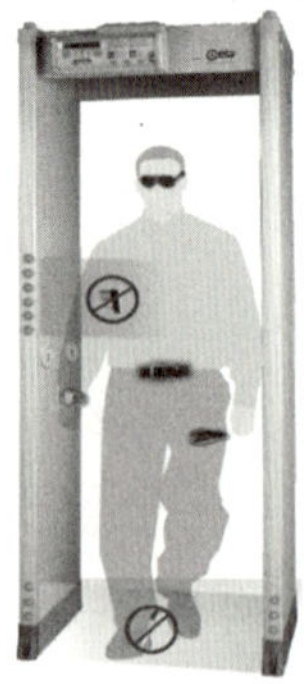	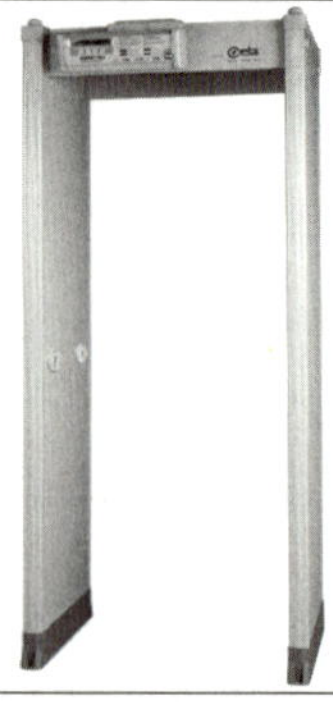
SMD600 Plus (CEIA)	HI-PE Multi-Zone (CEIA)	SMD601 Plus (CEIA)
		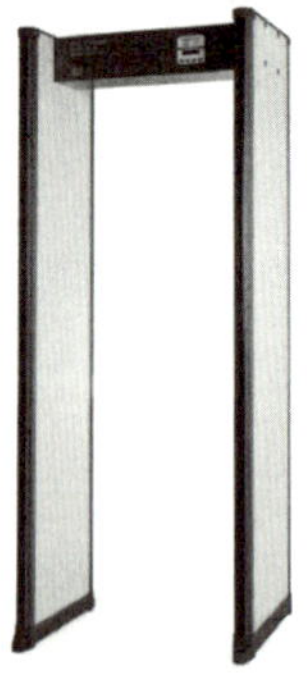
METOR 6E (Rapiscan)	METOR 6S (Rapiscan)	PC 15000 (제원)
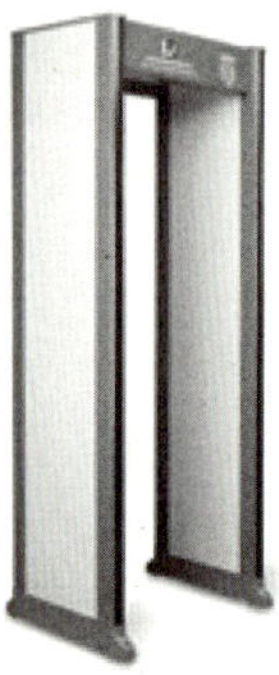		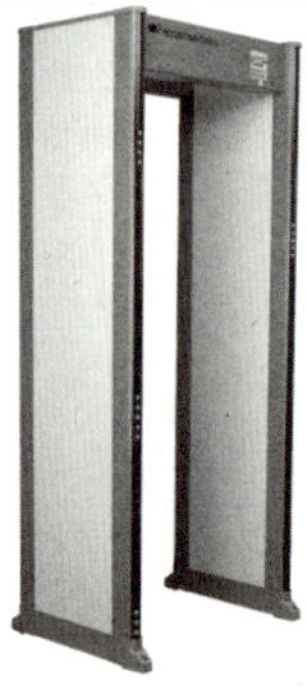
PD 6500i (L3)	MT 5500 (L3)	WT2000 (Garrett)

2. 휴대용금속탐지기(HHMD: Hand Held Metal Detector)

휴대용 금속탐지기는 조그마한 무기류도 탐지 가능하며 위해물품을 감지하면 경보 및 경보표시 가능하고 자기장의 원리를 이용하므로 신체에 영향을 주지 않는다. 휴대용금속탐지기의 종류는 제작사에 따라 여러 종류의 모델이 있으며 정상작동 여부는 전원스위치를 ON에 놓고 탐지하고자 하는 금속물체를 접근시킬 때 경보가 잘 울리면 정상이며 장비 사용 후에는 반드시 전원스위치를 OFF에 놓는다. 휴대용금속탐지기는 건전지를 사용하므로 금속물체를 가까이 해도 소리가 작으면 건전지의 충전상태를 확인한다. 건전지 교환방법은 휴대용금속탐지기를 OFF상태로 놓고 새로운 건전지(9V) 또는 충전된 건전지 준비하여 손잡이 아래 건전지 뚜껑을 열고 새로운 건전지 또는 충전된 건전지를 삽입하고 손잡이 아래 건전지 뚜껑을 닫는다. 전원스위치를 ON에 놓고 탐지하고자 하는 금속물체를 접근시켜 경보가 잘 울리는 지 확인하면 된다. 다만 휴대용금속탐지기는 외부의 충격에 약하므로 주의하여 사용하여야 하고 휴대용금속탐지기 사용 시 전원표시 상태, 경보음 및 경보표시 기능 등이 정상적으로 작동되고 있는 지 항상 관리를 하여야 하며, 장비에 이상이 발견되면 즉시 검색감독관에게 보고하여야 한다. 휴대용금속탐지기의 감도는 최적의 상태로 설정(Setting)되어 있으므로 보안검색감독관의 허가 없이 조정해서는 아니 된다. 휴대용금속탐지기에 대한 점검은 각 근무조의 업무시작전에 하여야 한다. 점검 시 금속대상물에 금속탐지기를 5~10Cm 근접 위치에 두면 경보음이 울려야 하며, 경보음이 작거나 울리지 않으면 배터리 등을 점검하여야 한다.

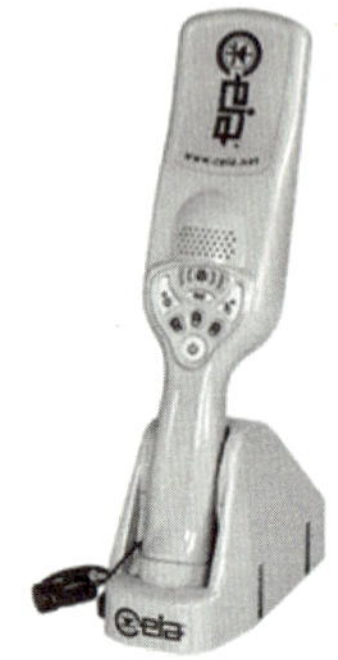		
PD140N (CEIA)	PD240C (CEIA)	Metor 28 (Rapiscan)
	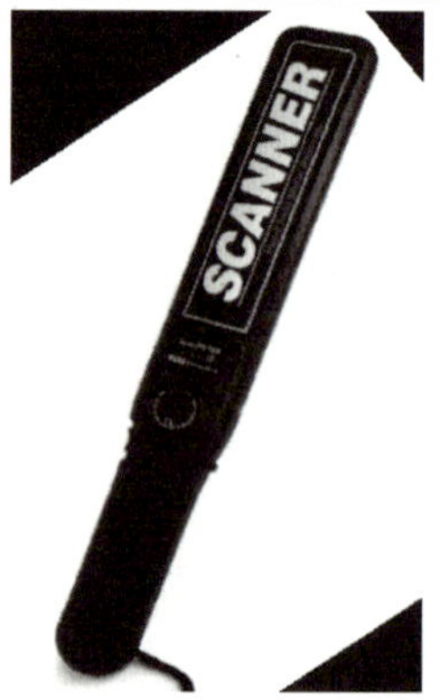	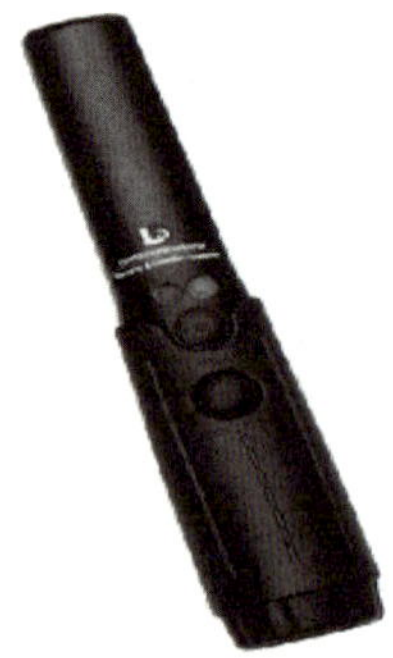
Superscanner (Garrett)	PC150 (제원)	THD (L3)

3. X-ray 검색장비

(1) 휴대물품 X-ray 검색장비

승객 또는 상주직원의 휴대물품을 검색하기 위해서는 소형 X-ray검색장비를 사용하여야 하며 X-ray검색장비에는 X-Ray 투시 장비와 판독용 모니터 및 조작반 등이 포함된다.

X-Ray 장비의 특성은 휴대물품을 양방향(수직, 수평)에서 X-Ray로 투사 가능하며 위해물품을 식별할 수 있도록 이미지 생성 및 모니터 표시하며 휴대물품을 검색장비 전, 후로 이동시킬 수 있고 영상이미지 저장 및 재생이 가능하다. 판독용 모니터는 모니터 X-Ray 이미지(수직, 수평)를 칼라, 흑백으로 표시하고 물체를 유기물, 무기물, 혼합물, 불투과물체 등으로 표시하며 표준 또는 2배, 4배 또는 기타 배율로 이미지 확대 및 축소가 가능하다. 판독용 조작반(OCP)은 X-Ray 검색장비 기동, 정지(ON/OFF) 버튼, 휴대물품을 검색장비 전, 후 이동 버튼, 영상이미지 확대 버튼(2배 또는 4배), 영상이미지 유기물제거, 무기물제거, 흑백전환, 명암조절 등 기능버튼 등이 있다.

쪾판독용 조작반 버튼기능

- Key 스위치 : ON / OFF
- 컨베이어벨트 : FWD(전진), STOP(정지), REV(후진)
- Zoom 기능 : 2배, 4배 확대
- B/W Rev : 흑백모니터 상에서 이미지를 흑/백 반전 기능
- EDGE Trace : EDGE 부분을 선명하게 처리
- Lighter : 이미지를 밝게(고밀도 물체가 잘 보임)
- Darker : 이미지를 어둡게 (저밀도 물체가 잘 보임)
- INORG STRP : 무기물체 제거기능
- ORG STRP : 유지물체 제거기능

- HIPEN HIGH : HIPEN옵션을 고밀도 물체 대비(대조) 조정
- PSEUDO : 흑백 이미지가 물질의 밀도에 따라 서로 다른 색상으로 변환

X-Ray 검색장비 기동하기 위해서는 판독자 조작반의 전원 키(Key)를 OFF에서 ON으로 돌린다. 모든 검색용 모니터에 정상(System Ready)으로 표시되면 휴대품 검색이 가능한 정상 작동 상태가 된다. 장비 사용 중 에러 조치방법은 X-Ray 장비를 사용하여 물품의 이미지검색 중에 장비가 정지 또는 이미지에러 등이 발생하면 검색감독관에게 알린다. 장비를 계속 사용하지 않을 경우 X-Ray 장비는 전원(AC 380V, 220V) 공급에 의해 작동되는 것으로 계속 사용하지 않을 때는 검색감독관의 지시에 따라 전원 키(Key)를 OFF에 놓는다. X-Ray 장비 기동(전원스위치 ON)작동되기 전에는 컨베이어 위에 아무것도 올려놓지 말아야 하며 작동중인 X-Ray 내부(출입구 커튼)에 신체의 일부가 들어가지 아니 하도록 하여야 한다. 모니터를 이용한 물품을 검색하고 있을 때 X-Ray 장비가 작동되지 아니하거나 이미지 판독에 에러가 등이 발생하면 보안검색감독관에게 신속히 알려야 한다.

HI-SCAN 6040i (Smiths Detection) single view 2,004(L)x850(W)x1,284(H)	HI-SCAN 6040aX (Smiths Detection) dual view 3,300(L)x1,310(W)x1,400(H)	RAP 622XR (Rapiscan) single view 1,467(H)x1,030(W)x2,282mm(L)
	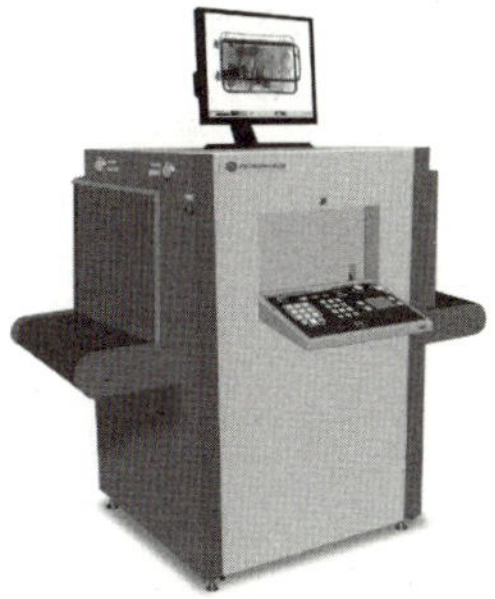	
RAP 627DV (Rapiscan) dual view 2,067(H)x1,968(W)x4,559mm(L)	XIS-3555S (Astrophysics) single view 1,320(L)x762(W)x1,230(H)	XIS-6545 (Astrophysics) single view 2,164(H)x873(W)x1,316mm(L)
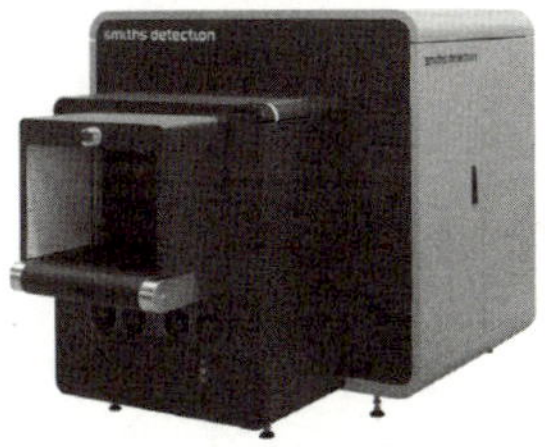	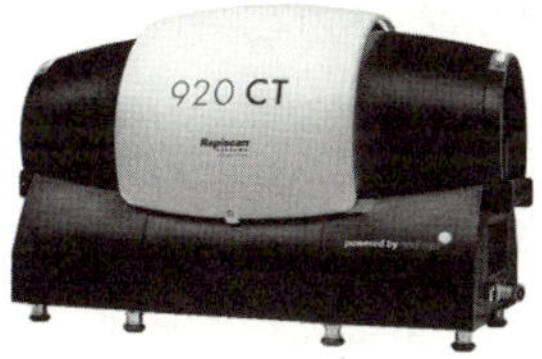	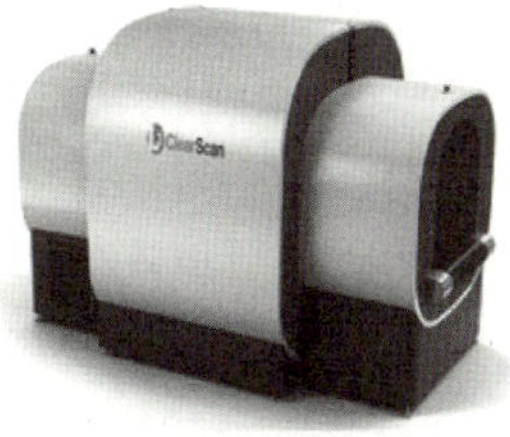
HI-SCAN 6040 CTiX (Smiths Detection) CT Type	920CT (Rapiscan) CT Type	ClearScan (L3) CT Type

(2) 위탁수하물 X-ray 검색장비

승객 위탁수하물에 위해물품이 포함되어 있는지 식별할 수 있는 것으로 X-Ray 장비와 수하물처리 시스템이 서로 연계되어 운용되며 이미지를 식별할 수 있는 모니터와 조작반이 포함된다. X-Ray 장비의 특성은 수하물을 양방향(수직, 수평)에서 X-Ray 투사하며 위해물품을 식별할 수 있도록 수하물 이미지 생성하고 영상이미지 저장, 재생, 수하물 처리시스템(BHS과 연계 운용할 수 있다. 판독용 모니터는 모니터 X-Ray 이미지(수직, 수평)를 칼라, 흑백으로 표시, 영상이미지 판독시간 표시, 물체를 유기물, 무기물, 혼합물, 불투과물체 등으로 표시, 표준 또는 2배, 4배 기타 배율로 이미지 확대 및 축소하여 표시할 수 있다. 판독용 조작반은 판독컴퓨터 장비 기동, 정지(ON/OFF) 버튼, 판독결정에 따른 조작버튼, 영상이미지 확대 버튼(2배 또는 4배), 영상이미지 유기물제거, 무기물제거, 흑백전환, 명암조절 등 기능버튼 등이 있다. 판동자 조작반 키보드 조작 및 기능은 다음과 같다.

- Zoom 기능:2배, 4배 확대
- B/W Rev: 흑백모니터 상에서 이미지를 흑/백 반전 기능
- EDGE Trace: EDGE 부분을 선명하게 처리
- Lighter: 이미지를 밝게(고밀도 물체가 잘 보임)
- Darker: 이미지를 어둡게 (저밀도 물체가 잘 보임)
- INORG STRP: 무기물체 제거기능
- ORG STRP: 유지물체 제거기능
- HIPEN HIGH: HIPEN옵션을 고밀도 물체 대비(대조) 조정
- PSEUDO: 흑백 이미지가 물질의 밀도에 따라 서로 다른 색상으로 변환

X-Ray 검색장비 기동, 정지는 수하물검색 운용자는 허가없이 X-Ray 검색장비를 기동, 정지시킬 수 없으나 컴퓨터 판독장치에 대하여는 ON/OFF 조작이 가능하다. 영상이미지 판독 중 에러 조치는 수하물 이

미지검색 중에 이미지에러 등이 발생되면 즉시 검색감독관에게 알린다. 판독자는 X-Ray 영상이미지 판독시간 제한을 준수하여야 하며 컴퓨터 및 모니터가 정상 작동되고 판독자조작반의 ON-LINE 램프등이 ON으로 되어 있을 때 판독업무를 하여야 한다. 근무교대 또는 휴식을 취할 때는 판독자 조작반의 ON-LINE 램프등을 OFF로 놓는다.

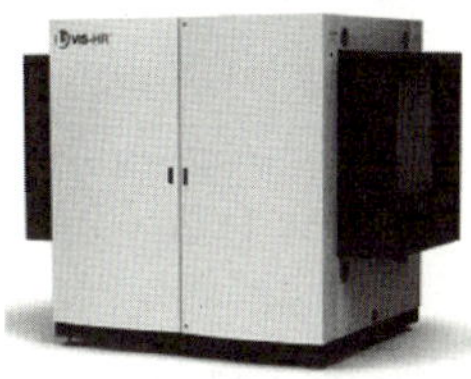		
VIS-HR (L3) single view	MVT-HR (L3) dual view	HI-SCAN 10080 EDX-2is (Smiths Detection) dual view
	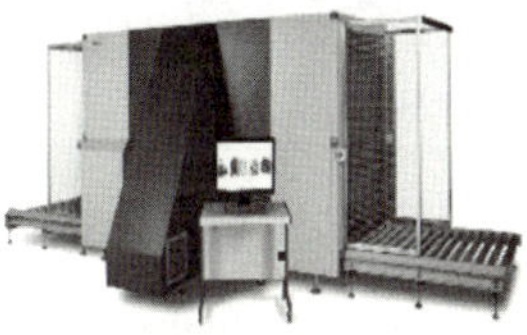	
RAP 628DV (Rapiscan) single view	RAP 632XR (Rapiscan) dual view	XIS-100XDV-MD (Astrophysics) dual view

(3) 대형화물 검색용 X-ray검색장비

화물용 X-ray검색장비에 사용되는 장비는 화물의 특성상 부피와 크기가 크고 무게가 많이 나가기 때문에 대형 X-ray검색장비가 사용되며 화물 포장 단위로 X-ray검색장비에 투입하여 검색하는 방식과 컨테이너 단위로 X-ray에 투입하는 방식, 화물차량을 통째로 X-ray검색장비를 통과시키는 방식과 차폐가 가능토록 대형건물 속에 X-ray장비를 설치하여 화물컨테이너 차량이 통과하며 검색하는 방식 등이 있다.

	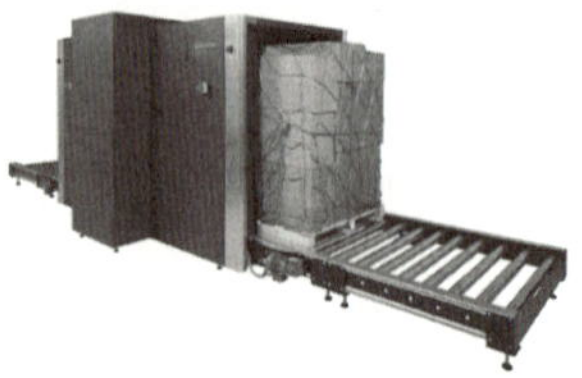	
HI-SCAN 100100T (Smiths Detection) single view 3,578(L)x1,234(W)x1,900(H)	HI-SCAN 145180 (Smiths Detection) single view 5,360(L)x2,140(W)x2,285(H)	HI-SCAN 145180-2is (Smiths Detection) dual view 5,545(L)x2,160(W)x2,545(H)

Eagle A25 (Rapiscan) single view 1,467(H)x1,030(W)x2,282(L)	PX 15.17 200 (L3) single view	PX 15.17 MV 320 (L3) single view

(4) 차량용 / 컨테이너 X-ray검색차량

이동형 X-ray 검색차량은 컨테이너 차량 또는 벤형 차량에 X-ray검색장비를 장착하여 이동하면서 항공화물, 격리화물, 비상시에 사용할 수 있도록 제작된 X-ray 검색 차량으로 필요시 어디든지 이동하여 검색할 수 있다.

CIP300 (Smiths Detection)	HCVM L (화물차타입) (Smiths Detection)	HCVT 60(열차검색용) (Smiths Detection)

CX-*Gantry* (L3)	CX-*Mobile G3* (L3)	CX-*Portal* (L3)

eagle P60 (Rapiscan)	Z portal (Rapiscan)	Eagle M25 (Rapiscan)

(5) X-ray 영상판독

1) 물질에 의한 표시

X-ray장비는 검색대상물질의 특성에 따라 유기물, 무기물, 혼합물, 탐지불가물질 등 4가지로 구분하여 4가지 색으로 검색대상물의 내부 이미지를 판독모니터에 표출한다.

- 유기물질(오렌지색)
- 무기물질(청색): 금속으로 만들어진 물질
- 혼합물질(녹색): 유기물과 무기물의 혼합물질
- 탐지불가물질(흑색) : X-ray 투과불가 또는 두꺼운 금속물질

2) 밀도에 의한 표시

검색대상물에 투과되는 X-ray는 물질의 고유특성에 따라 검색물질 내부에서 투과, 흡수, 산란되어 검출기에서 감지된다.

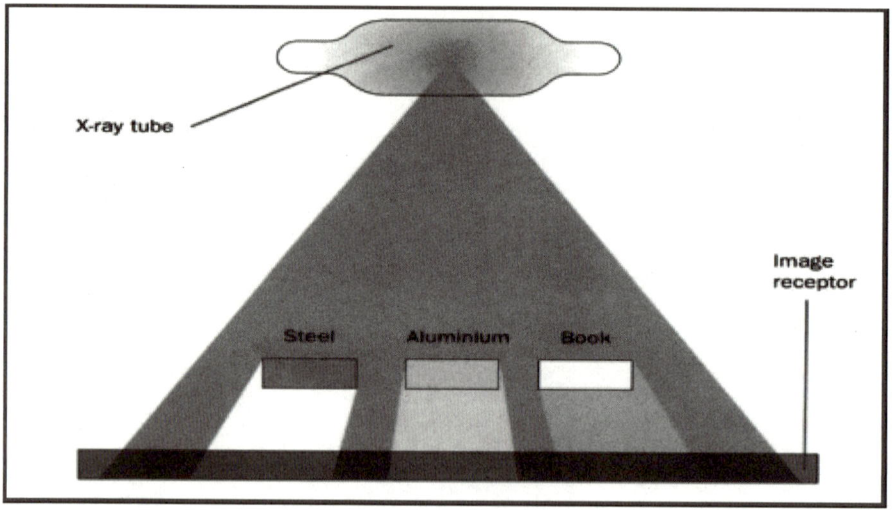

3) 모양에 의한 표시

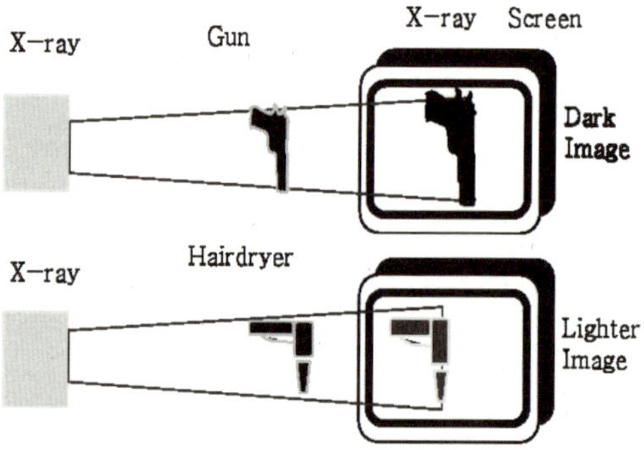

4) 영상판독 요령

- 유기물 (오렌지색)

  설탕, 의류·플라스틱류, 마약류, 지폐류, 화약류 등은 판독 모니터 상에 오렌지색으로 표시하며, 밀도가 낮을수록 엷은 오렌지색에 가까우며, 반대로 밀도가 높을수록 짙은 오렌지색으로 나타난다.

- 무기물 (청색)

  금속류(권총, 도검류, 배터리 등), 천연 소금류, 기타 귀금속류,등은 X-ray 컬러 모니터 상에 청색으로 나타나며, 밀도가 낮을 수록 연한 청색에 가까워지고, 반대로 높으면 높을수록 짙은 청색으로 나타낸다.

- 혼합물 (녹색)

  Gas가 들어있는 Gas통 등 유기물과 무기물의 혼합물질

- 탐지불가(고밀도) 물질 / 흑색

  밀도가 높아 물질구분이 불가능한 물품은 유기물질 및 무기물질을 불문하고 X-ray판독용 컬러 모니터에 흑색으로 나타난다.

※ X-ray 영상 판독

구 분	색 상	판독기준	종 류
유기물	오렌지	색상/밀도	폭발물, 마약, 가죽제품, 음식류, 플라스틱, 의류, 설탕, 지폐 등
무기물	청 색	모 양	금속류(총기, 실탄, 도검) 등 금속물질
혼합물	녹 색	색상/모양	유기물, 무기물의 혼합물, 가스 성분이 들어있는 혼합물질 등
탐지불가 (고밀도)물질	흑 색	색상/모양	두꺼운 금속물질, 납 포함물질 등

5) X-ray 영상 비교

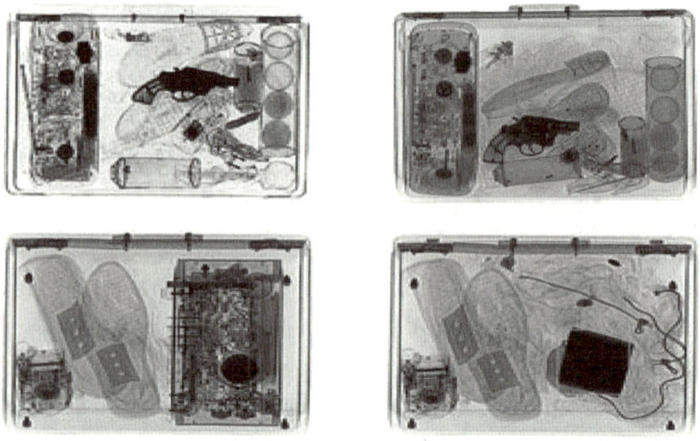

4. 폭발물흔적탐지장비 (ETD: Explosive Trace Detector)

폭발물탐지장비는 휴대물품 또는 위탁수하물 등의 물품검색에서 폭발물을 확인하기 위한 장비로서 안전하고 정확한 검색결과를 얻을 수 있어야 한다.

폭발물흔적탐지기 특성은 미세량의 채취 표본을 통해 폭발물을 자동으로 분석 및 경보로 표시하며 폭발물 검출 결과가 신속히(약7초) 나타나는 것이다. 폭발물탐지장비의 진공흡입기 사용방법은 진공흡입기 사용 전 전원스위치의 위치는 OFF하고 진공흡입기에 채취용지를 삽입하여 진공흡입기의 스위치를 ON으로 놓는다. 폭발물 검색 대상에 진공흡입기를 사용하여 진공흡입기의 채취용지를 폭발물탐지장비 홀더에 삽입하며 폭발물탐지기에 의해 자동으로 검사가 실시되어 표출된다. 진공흡입기에는 오염되지 않은 채취용지를 사용해야 한다. 진공흡입기는 연속하여 30분 이상 사용하지 말아야 한다.

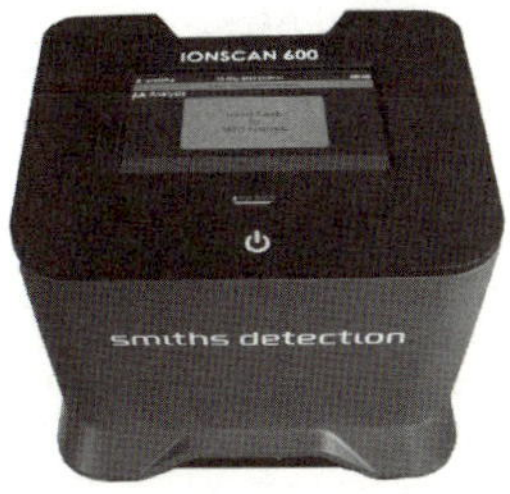	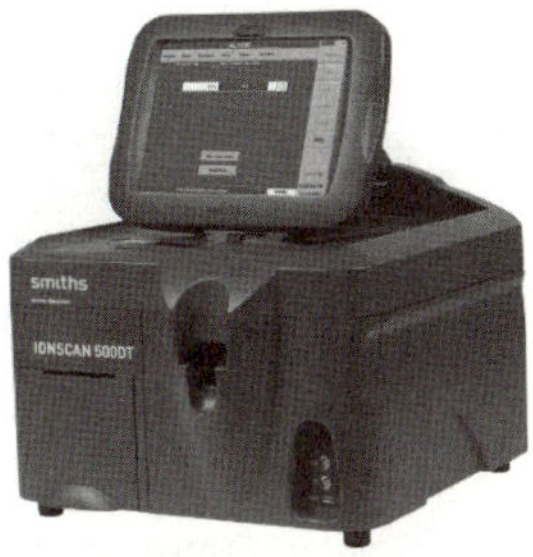	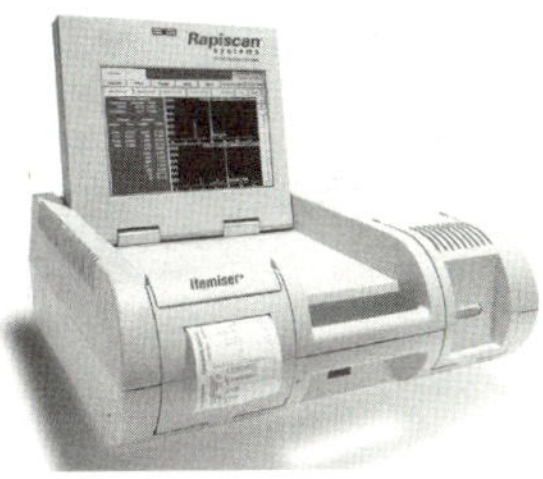
IONSCAN 600 (Smiths Detection)	IONSCAN 500DT (Smiths Detection)	Itemiser 3 Enhanced (Rapiscan)
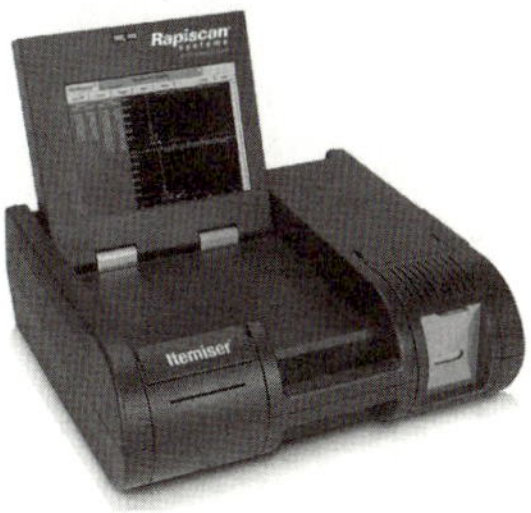		
Itemiser 4DX (Rapiscan)	E5000 (scintrex)	QS-B220 (L3)

5. 이동형 폭발물흔적탐지장비

이동형 폭발물탐지기의 특성은 폭발물 또는 마약류의 미세한 입자를 추적하고 모든 폭발물질과 헤로인을 포함한 마약류 탐지하며 폭발물의 종류 등의 구분하고 분석하여 그 결과를 운영자에게 제공한다. 통과형 이온트랙 장점은 승객이 문형 이온트랙을 통과하면 승객의 몸에 소지하고 있는 폭발물의 바로 감지할 수 있으며 이동형 이온트랙 장점은 휴대하기가 간편하여 이동하여 방치물품에 대한 폭발물을 탐지 등에 적합하다.

		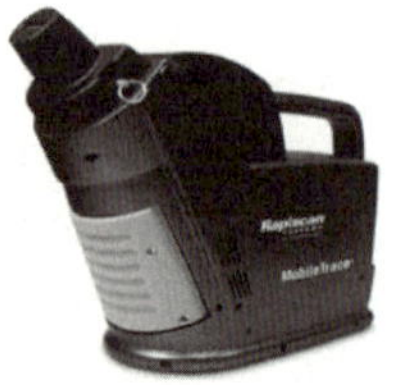
H150E (L3)	SABRE 5000 (Smiths Detection)	MobileTrace (Rapiscan)

6. 액체폭발물탐지장비

(1) 개요

폭발성이 높거나 연소성이 높은 액체류 위험물 등을 탐지하는 장비로써 X-ray 검색 또는 개봉검색 등을 통하여 액체류 발견시 그 내용물의 성분에 대한 분석이 필요한 경우에 사용하는 검색장비이다.

(2) 장비 종류

EMA (CEIA)	Insight100M (Cobalt)	B-scan (LDS)

(3) 장비 운용

액체폭발물탐지장비에 전원을 켜고 반드시 성능검사를 실시하여 성능 확인 후 사용하고 최소 일일 1회(24시간 마다) 성능점검 실시하여야 한다. 액체류 분석 후 경고음이 발생할 경우에는 폭발물흔적탐지장비(ETD)로 추가 검색을 실시한다.

(4) 장비 특징

폭발성이 높거나 연소성이 높은 가솔린, 벤젠, 에탄올, 경유, 등유, 신나 등 여러 종류의 액체류에 대한 위험성 여부를 탐지할 수 있으며 PET병, 유리병 등 액체용기의 뚜경을 열지 않은 상태에서도 분석이 가능하다.

그리고 위험물질 탐지 시에는 즉시 모니터에 영상으로 표시 또는 경고음이 발생하게 된다.

7. CT방식 X-ray검색장비

CT방식(컴퓨터 단층촬영)의 X-ray검색장비는 수하물 등에 포함된 폭발물 자동인지하고 폭발물 검색결과 분석 및 경보로 표시 가능하며 수하물 처리시스템(BHS)과 연계 검색운영하며 미국 연방항공청(FAA)으로부터 인증을 받은 장비이다.

	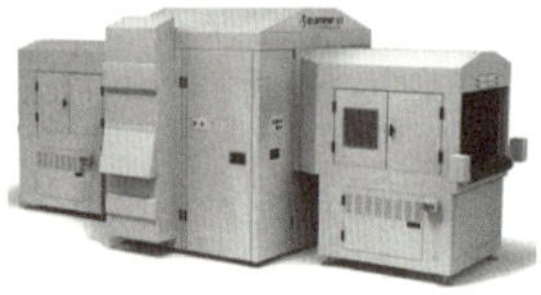	
CTX-9000 (GE)	eXaminer 3DX (L3)	MV3D (L3)
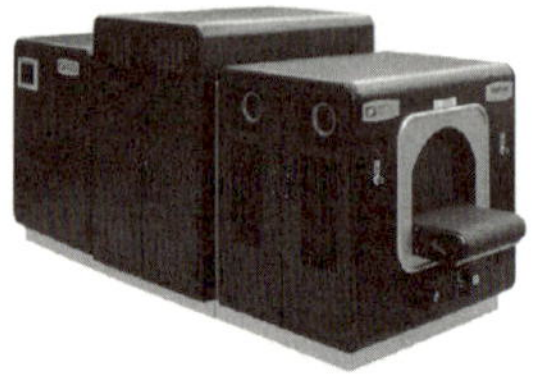		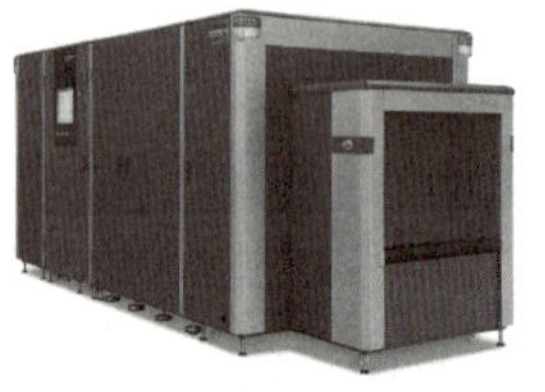
RTT (Rapiscan)	MVXR 5000 (Rapiscan)	HI-SCAN 10080 XCT (Smiths Detection)

8. 원형검색기

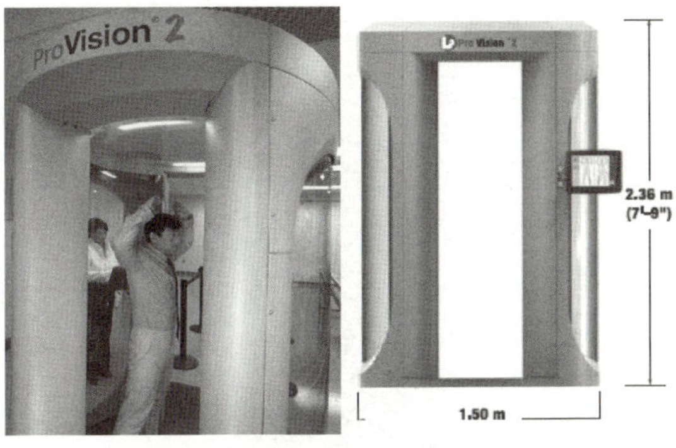

ProVision 2 (L3)

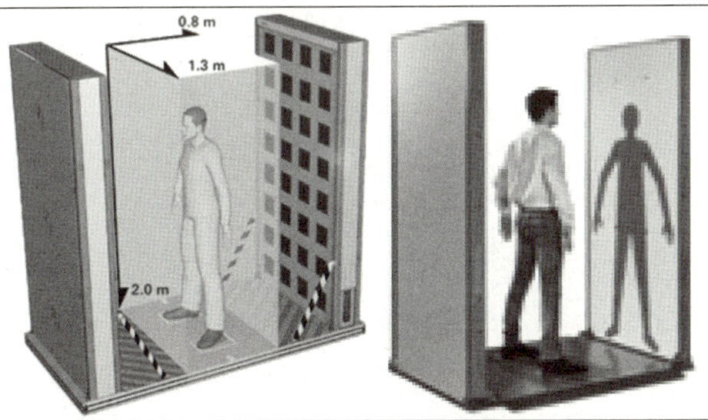

QPS 201 (Smiths Detection)

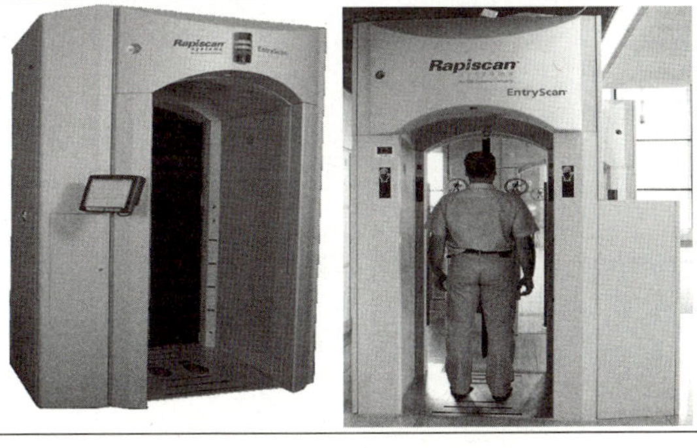

EntryScan 4 (Rapiscan)

9. 기타 검색장비

		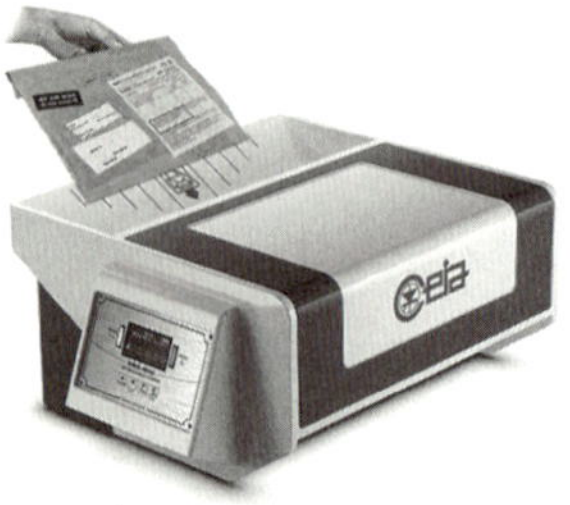
신발검색장비 SAMD (CEIA)	신발검색장비 M-100 3G2(MagShoe)	우편물 검색장비 EMIS-MAIL (CEIA)

참고문헌

- ICAO ANNEX 17 (SECURITY)
- ICAO SECURITY MANUAL (Doc 8973)
- Checkpoint Operation Guide (Air Transport Association of America and Regional Airline Association)
- IATA SECURITY MANUAL
- 항공보안론 (고광남 · 소대섭 공저, 백산출판사 2006)
- 항공보안법규 (대한민국 항공보안협회 편저, 진영사 2015)
- 항공보안(Aviation Security) (항공보안교육원, 2004)
- 항공보안법, 시행령, 시행규칙
- 경찰관직무집행법
- (국가정보원) 국가보안시설 및 보호장비 관리지침
- 국제항해선박 및 항만시설의 보안에 관한 법률, 시행령, 시행규칙
- 철도안전법, 시행령, 시행규칙
- 경비업법, 시행령, 시행규칙
- 청원경찰법, 시행령, 시행규칙
- 총포 · 도검 · 화약류 등의 안전관리에 관한 법률
- (국토교통부 고시) 액체 · 분무 · 겔류 등 항공기내 휴대 반입 금지물질 운영기준
- (국토교통부 고시) 항공기 내 반입금지 위해물품
- (국토교통부 고시) 항공보안장비 종류, 운영 및 유지관리에 관한 기준
- (국토교통부 고시) 항공보안장비 시험기관 지정 및 운영 등에 관한 규정

- (국토교통부 고시) 항공보안장비 시험기관 지정 및 운영 등에 관한 규정

저자소개

■ 고광남

現 대한민국 항공보안협회 민간경비교육원 원장
現 한국항공보안교육원 상임고문
現 (사) 대한민국 항공보안협회 감사
現 (사) 한국선급 강의
前 인천국제공항공사 항공보안교육원 외래교수
前 미국 Safe Passage "Train the Trainer" Course이수

■ 소대섭

現 한서대학교 항공융합학부 항공보안시스템전공 교수
現 (사) 대한민국 항공보안협회 이사
現 항공보안포럼 이사
前 인천국제공항공사 항공보안교육원 부원장 및 전임교관
前 인천국제공항공사 부장

저서

항공보안(Aviation Security) (항공보안교육원 소대섭외 공저, 2004)
항공보안법규집 (항공보안교육원 소대섭외 편저, 2004)
보안검색(Aviation Security Screening) (항공보안교육원 소대섭 외 편저, 2005)
항공보안론 (고광남 · 소대섭 공저, 백산출판사 2006)
항공보안법규 (대한민국항공보안협회 편저, 진영사 2015)
일반경비원 신임교육(고광남외 공저, 진영사 2016)
특수경비원 신임교육(고광남외 공저, 진영사 2016)
항공보안 법규해설 (소대섭, 진영사 2018)